KB269676

생어가 들려주는 **인슐린** 이야기

생어가 들려주는 인슐린 이야기

ⓒ 고문주, 2011

초판 1쇄 발행일 | 2011년 5월 31일
초판 6쇄 발행일 | 2019년 4월 29일

지은이 | 고문주
펴낸이 | 정은영
펴낸곳 | (주)자음과모음

출판등록 | 2001년 11월 28일 제2001-000259호
주   소 | 04047 서울시 마포구 양화로6길 49
전   화 | 편집부 (02)324-2347, 경영지원부 (02)325-6047
팩   스 | 편집부 (02)324-2348, 경영지원부 (02)2648-1311
e-mail | jamoteen@jamobook.com

ISBN 978-89-544-2223-9 (44400)

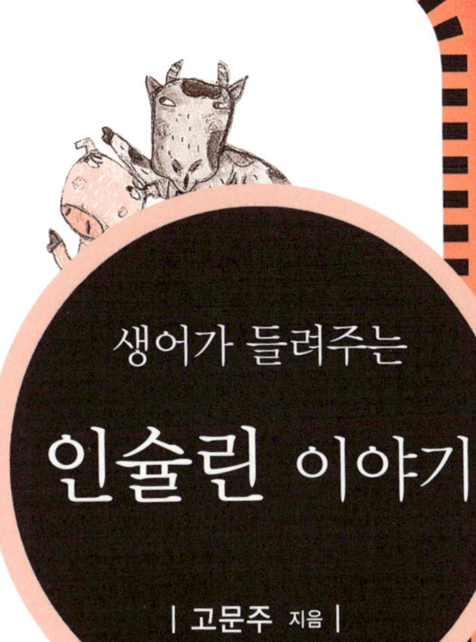

(주)자음과모음

생어가 인슐린을 통해 밝히려고 한 '생명 비밀'에 관한 이야기

　생물을 구성하고 있는 분자를 생체 분자라고 합니다. 세포 안에는 수많은 생체 분자가 있지만 크게 탄수화물, 단백질, 지질, 핵산으로 나눌 수 있습니다. 이 중에서 단백질은 세포의 여러 가지 일을 맡아서 수행하는 일꾼 역할을 하고, 핵산은 유전 물질로 단백질을 만드는 설계도를 보관·전달하는 역할을 합니다. 생어는 이렇게 중요한 단백질과 핵산의 구조에 대한 비밀을 풀어 보려고 노력한 주요 인물입니다.

　앞으로 우리는 당뇨병을 일으키기도 하고 동시에 치료도 할 수 있는 인슐린에 대해 낱낱이 알아볼 것입니다. 또한 인슐린이 속한 단백질과 단백질로 만들어진 효소 그리고 유전 물질에 대해 알아보기 위해 생어와 다른 과학자들이 밝혀낸 여러 가지 발견과 성과에 대한 이야기를 듣게 될 것입니다.

생어는 다른 유명한 과학자들과 달리 자신이 강의에 소질이 없다는 것을 알고 교수로 이름을 떨치려 하지 않고, 꾸준히 연구에만 몰두했습니다. 그리고 바로 제품으로 내놓을 수 있는 것보다는 다른 연구의 기초가 될 수 있는 것들을 연구 대상으로 삼았습니다. 이 책을 읽는 여러분도 이러한 생어의 태도를 이어받아 열정적인 연구로부터 훌륭한 결과물을 얻어낼 수 있는 과학자가 되기를 희망합니다.

또한 여러분은 이 책을 읽는 동안 당뇨병이 생기는 원인과 당뇨병을 극복하기 위해서 인류가 인슐린을 연구하며 노력해 온 과정들을 잘 이해할 수 있을 것입니다. 여러분이 이런 이해를 바탕으로 다른 질병이나 건강 문제도 해결할 수 있는 아이디어를 얻어 내고 그것을 해결하는 과학자로 성장해 준다면 필자나 우리 모두에게 큰 기쁨이 될 것입니다.

마지막으로 이 책이 출간될 수 있게 도움을 준 (주)자음과모음 출판사에 감사드립니다.

고 문 주

차례

인슐린이란 무엇일까요?

인슐린이 만들어지는 과정과 인슐린이 몸속에서 어떤 기능을 하는지 알아봅시다.

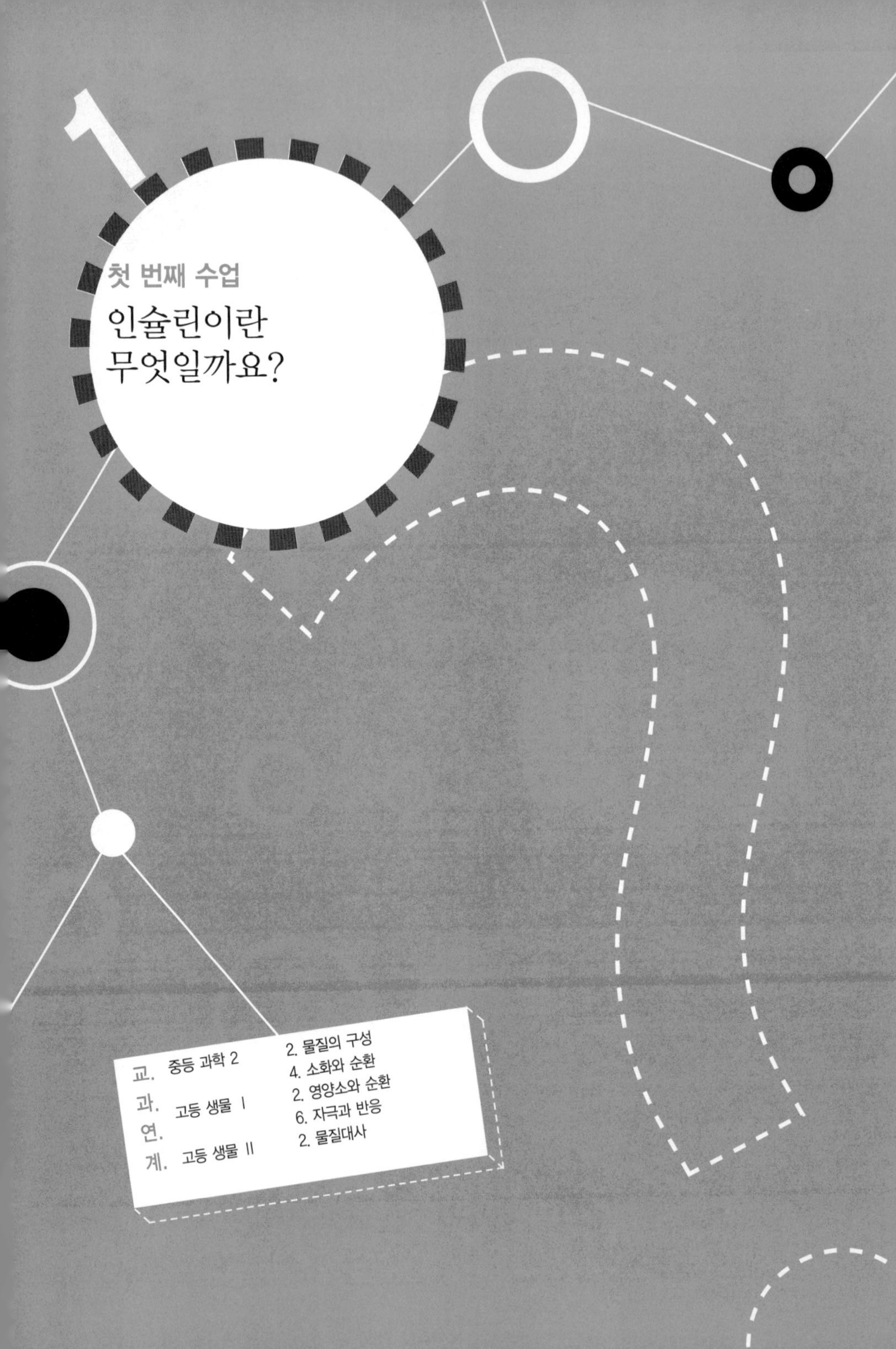

첫 번째 수업

인슐린이란
무엇일까요?

생어가 밝은 표정으로 자신을 소개하며
첫 번째 수업을 시작했다.

여러분, 안녕하세요. 만나서 반갑습니다. 내 소개부터 할까요? 내 이름은 생어(Frederick Sanger, 1918~)입니다. 나는 1918년에 영국 남서부의 렌드콤이라는 마을에서 태어났습니다. 브라이언스톤 학교를 졸업한 후에는 케임브리지 대학교의 세인트존스 대학에 다녔는데, 학교 성적은 아마 중상 정도였던 것으로 기억합니다.

처음에는 의학 공부를 하려고 했으나 대학에 진학할 무렵에 생각을 바꿔서 과학을 공부하기로 마음먹었지요. 그리고 대학에 들어온 후에는 생화학 분야에 굉장한 매력을 느껴 지

금까지 이 분야에 대한 연구를 쉬지 않고 있답니다.

나는 노벨상을 두 번 받은 과학자로 유명합니다. 내 자랑 같기는 하지만 여러분에게 앞으로 강의할 내용과 관련 있기 때문에 이야기하겠습니다.

내가 1958년에 받은 노벨 화학상은 인슐린이라는 호르몬 단백질의 아미노산 결합 순서를 결정한 연구 덕분이었습니다. 그리고 1980년에 DNA라는 핵산의 염기 결합 순서의 결정 방법을 연구하여 또 한 번의 노벨상을 타게 되었지요.

아, 이런! 여러분은 별로 놀랍지 않은가 보군요. 아직 한국 에서는 과학 분야에서 노벨상 수상자가 한 명도 나오지 않은 것을 알고 있겠지요? 수많은 과학자들이 피땀 흘려 연구하고 있지만 전 세계에서 단 몇 명만을 선정하여 수여하는 노벨상 을 받는 것은 결코 쉬운 일이 아니랍니다. 그러한 노벨상을 일생에 두 번이나 받는다는 것은 실로 굉장한 일이지요. 1969년부터 지금까지 약 870여 명의 노벨상 수상자가 나왔 지만 그중에서 노벨상을 두 번 받은 사람은 나를 포함하여 단 4명뿐이랍니다.

내가 어떠한 연구 업적으로 노벨상을 두 번이나 수상하게 되었는지 궁금하지 않나요? 이제부터 나의 연구 업적 배경과 그 내용에 대해 하나하나 설명할 테니 귀를 쫑긋 세우고 잘

들어 보세요. 미래의 노벨상 수상자가 될 여러분에게만 비결을 몰래 가르쳐 줄게요. 자, 시작해 볼까요?

생화학이란?

지금 내 앞에 은으로 된 막대가 있습니다. 칼을 이용해서 반으로 잘라 볼게요. 잘려진 이 두 덩어리는 무엇이지요?

__ 은이지요.

한 번 더 잘라볼게요. 이건 무엇이지요?

__ 당연히 은이지요.

그렇지요. 은을 계속 잘라도 은이라는 성질은 변하지 않습

니다. 그렇다면 언제까지 은을 반으로 자를 수 있을까요? 은
은 끊임없이 은의 성질을 가지면서 반으로 잘릴까요?

__ 계속해서 자르다 보면 너무 작아져서 더 이상 자를 수
없게 될 것 같아요.

__ 너무 작으면 원래의 성질도 잃어버릴 것 같아요.

은을 계속해서 반으로 자르다 보면 더는 자를 수 없는 가장
작은 알갱이에 이르게 됩니다. 이렇게 더 이상 자를 수 없는
가장 작은 알갱이를 원자라고 합니다. 금 덩어리를 계속해서
쪼개면 금 원자에, 철 덩어리를 계속해서 쪼개면 철 원자에
이르게 되지요. 그리고 이러한 여러 개의 원자들이 서로 다
른 형태로 결합하여 새로운 물질을 만드는데, 이것을 분자라

원자(atom)

물질을 이루는 기본적 구성 단위로 물질을 계속해서 쪼갰을 때 더 이상
쪼개질 수 없는 가장 작은 입자를 원자라고 한다. 원자는 그보다 더 작은
양성자와 중성자, 전자라는 물질로 이루어져 있지만 화학 원소로서
의 특성을 가지는 입자로는 가장 작다.

고 합니다.

분자란 그 물질의 성질을 가지는 가장 작은 단위입니다. 분자가 쪼개지면 원자가 되는데, 원자는 더 이상 그 물질의 성질을 갖지 않게 되지요. 세상 모든 물질이 분자로, 즉 원자들의 결합으로 이루어진 셈입니다. 원자는 종류가 약 100가지 정도뿐이지만 원자가 결합하여 만들 수 있는 분자의 수는 수천만 가지가 넘습니다.

이렇듯 수천만 가지가 넘는 분자의 성질이나 분자가 변하면서 일으키는 반응에 대해서 연구하는 학문을 '화학'이라고 합니다. 우리가 아침에 눈을 떠서 밤에 잠을 잘 때까지 먹고, 마시고, 만지고, 입는 것의 거의 대부분이 화학의 연구 대상이지요. 그중에서도 살아 있는 생명체에 관련된 것을 연구하는 화학을 생화학이라고 합니다. 간단히 말하자면 생화학은

화학자의 눈으로 생물을 바라보고 연구하는 것이라고 설명할 수 있지요.

생물은 모두 세포로 구성되어 있습니다. 이 세포도 분자가 모여서 된 것이지요. 너무 작아서 우리 눈에 보이지 않는 세포에도 수천 종류의 분자가 들어 있습니다. 세포 속의 분자처럼 생물 속에 들어 있는 분자를 생체 분자라고 합니다.

나와 같은 생화학자들은 수천 가지가 넘는 생체 분자를 비슷한 종류끼리 모아서 연구하거나 다루기 편리하도록 몇 가지로 분류하였습니다. 예를 들면 포도당이나 녹말 같은 것은 탄수화물, 기름이나 지방 같은 것은 지질, 머리카락이나 손톱을 구성하는 성분은 단백질, 유전 정보를 가진 DNA나 RNA는 핵산이라고 하였지요.

과학자의 비밀노트

핵산

세포핵에서 발견된 물질로 뉴클레오타이드(당 : 인산 : 염기가 1 : 1 : 1의 비율로 결합되어 있는 화합물)가 여러 개 결합되어서 만들어진 사슬 모양의 분자이다. 유전 정보를 기록하거나 전달하는 역할을 하며 종류에는 DNA와 RNA가 있다.

세포 안에 있는 분자가 제대로 작용하여 열도 내고 운동도 하고 다른 분자를 만드는 등의 활동을 하기 위해서는 에너지가 필요합니다. 이 에너지는 어디에서 올까요?

__ 우리가 먹는 음식에서 올 것 같아요.

네, 맞습니다. 우리가 음식을 먹으면 소화라는 과정을 거쳐서 음식 속의 영양분이 필요한 곳으로 흡수됩니다. 음식에는 탄수화물과 단백질, 지질 등의 여러 가지 성분이 있는데, 이 중에서 탄수화물에 대해 알아보겠습니다.

탄수화물은 뭉쳐 있는 분자의 수에 따라 다음과 같이 크게 3가지로 나눌 수 있습니다.

- 단당류 : 한 개의 분자로 이루어진 탄수화물
- 이당류 : 두 개의 분자로 이루어진 탄수화물
- 다당류 : 여러 개의 분자들로 이루어진 탄수화물

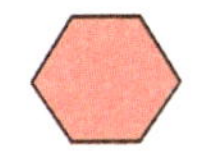

단당류 (포도당)

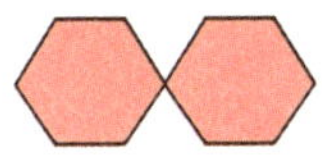

이당류 (엿당)

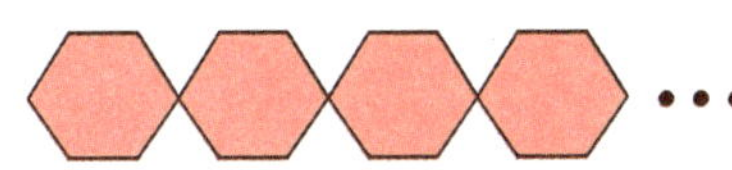

다당류 (녹말)

포도당은 가장 흔하고 아주 작아서 기본이 되는 탄수화물, 즉 단당류입니다. 포도당이 두 개 모이면 엿당(말토오스)이라는 이당류가 됩니다. 그리고 수많은 포도당이 결합하면 녹말이라는 커다란 탄수화물 덩어리가 됩니다.

녹말을 섭취하면 우리 몸속에서 소화가 되지요. 소화가 된다는 것은 녹말이 포도당같이 작은 당으로 쪼개져 작은창자에 흡수된다는 것을 의미합니다. 작은창자에 흡수된 포도당은 몸 안에 있는 저장소로 이동하여 잠시 저장되었다가 필요한 곳에 사용됩니다.

포도당은 우리 몸 안에서 매우 중요한 에너지원으로 혈관을 통해 이동하여 간과 근섬유에 저장됩니다. 그래서 혈액 속에는 항상 포도당이 들어 있습니다. 혈액 속에 들어 있는 포도당의 양을 혈당이라고 합니다.

간으로 이동한 포도당은 서로 결합하여 커다간 고분자 형태로 저장됩니다. 그 모양이나 구조는 소화되기 전 다당류인 녹말과 비슷하지만 몸 안에 들어와서 만들어진 커다란 탄수화물 분자는 글리코젠이라고 합니다. 간단히 다음과 같이 요약할 수 있습니다.

1. 거대한 분자인 녹말을 먹으면 몸속에서 소화된다.

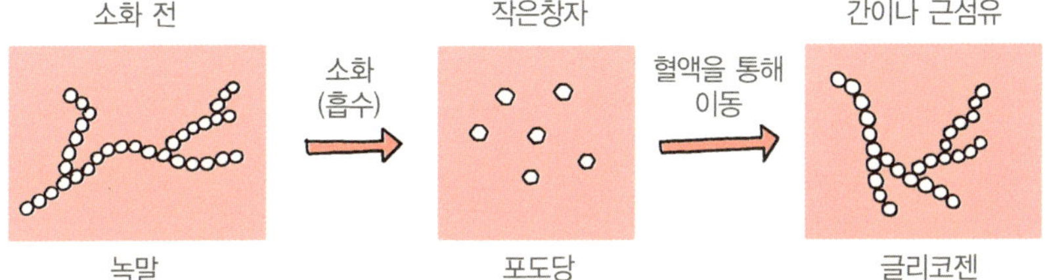

2. 소화되는 과정에서 녹말이 기본 단위인 포도당으로 쪼개진다.

3. 포도당이 몸속에 흡수된다.

4. 포도당은 혈액을 통해 이동하여 고분자(글리코젠) 형태로 간이나 근섬유에 저장된다.

음식을 먹으면 작은창자에서 소화되어 많은 포도당이 만들

과학자의 비밀노트

고분자

분자를 구성하는 원자의 수가 수백 개 이상인 커다란 분자를 가리킨다. 대체로 간단한 구조의 분자가 화학 반응으로 서로 연결되어서 만들어지며 중합(같은 종류의 분자를 2개 이상 결합시켜 화합물을 생성하는 반응)을 통해서 만들어졌다고 해서 '중합체'라고도 한다. 셀룰로스나 글리코젠이 고분자에 속한다.

진 후 몸속으로 흡수되기 때문에 혈액 속에 포도당 농도가 짙어집니다. 하지만 시간이 지나면 포도당은 글리코겐 형태로 간이나 근섬유에 저장되거나 다른 세포들의 에너지원으로 사용되기 때문에 혈액 속 포도당의 농도는 다시 옅어지지요.

그런데 이러한 현상 때문에 다른 세포가 필요한 분자를 만들거나 운동을 하려고 포도당을 필요로 할 때 혈액 속의 포도당이 부족해지는 현상이 나타나기도 합니다. 이때는 간이나 근섬유에 저장했던 글리코겐을 분해하여 혈액으로 내보내 혈액의 포도당 농도를 적당하게 만들어 주어야 합니다. 그래

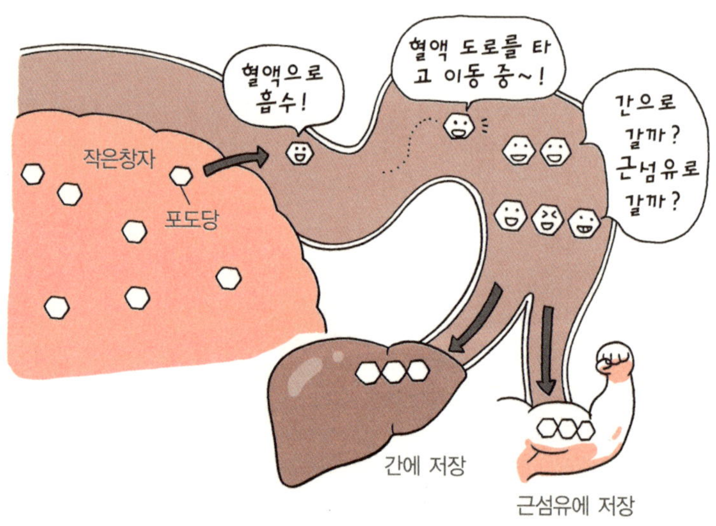

포도당의 이동

서 혈액에는 거의 항상 일정한 농도의 포도당이 들어 있습니다. 이런 농도의 균형을 잘 조절하려면 특수한 신호 물질인 호르몬이 필요하답니다. 그러한 일을 하는 호르몬이 바로 인슐린입니다.

그렇다면 여기에서 말하는 호르몬이란 무엇일까요? 호르몬에 대해 좀 더 자세히 알아볼게요.

호르몬

호르몬에 대해 설명하기 전에 내가 인슐린을 연구하게 된 과정부터 이야기해 볼게요. 나는 1939년에 대학교 졸업 후 대학원에 수석으로 입학하여 생화학과에서 박사 학위 과정 공부를 하게 되었어요. 대학원에서는 주로 라이신(lysine)이라는 아미노산(단백질의 기본 단위)에 대해서 연구를 했습니다. 그 후 케임브리지 대학교 연구원으로 있을 때 생화학과에 칩놀(Albert Chibnall, 1894~1988) 교수님이 새로 오셨는데, 이분의 영향으로 인슐린이라는 호르몬을 연구하게 되었습니다. 칩놀 교수님은 내가 호르몬에 대해 본격적으로 연구를 할 수 있게 된 계기를 마련해 준 스승입니다.

호르몬이란 몸속의 특정 장소에서 만들어져서 우리 몸의 여러 기관이나 조직의 작용을 촉진 혹은 억제하는 화학 물질을 통틀어 이르는 말로, 내분비물이라고도 합니다. 혈액에 녹아 있어서 혈액을 타고 몸의 각기 다른 부분으로 이동하여 작용하지요. 호르몬이 만들어지는 장소를 내분비샘이라고 합니다. 내분비 세포 안에 있는 분비 소포라는 주머니에 호르몬 분자가 가득 들어 있는데, 이 호르몬 분자가 내분비 세포에서 혈액으로 직접 들어갑니다.

호르몬은 종류에 따라 작용하는 기관이 정해져 있어 신체

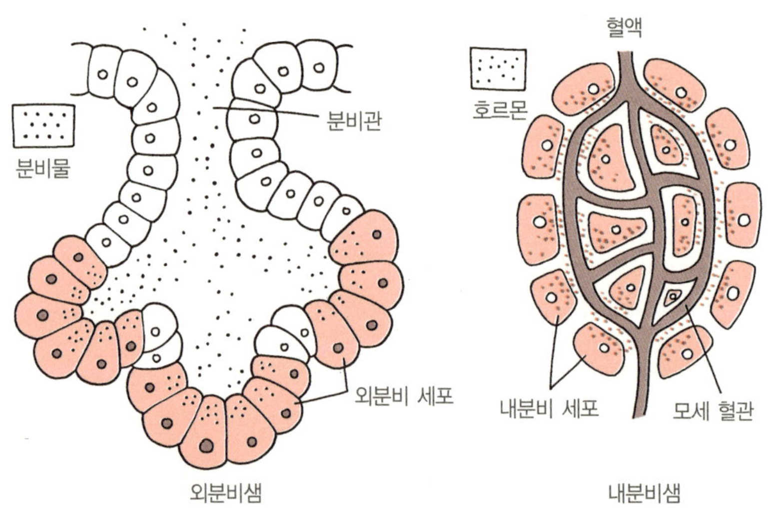

호르몬의 분비

의 특정 부위에만 작용합니다. 이때 효과가 나타나는 기관을 그 호르몬의 표적 기관이라고 합니다. 예를 들면 성장 호르몬은 뇌하수체에서 분비되는데, 성장과 관련된 부분에 작용해서 세포의 성장을 조절합니다. 성호르몬 역시 정소나 난소에서 분비되며 생식과 관련된 부분에만 영향을 미칩니다.

호르몬이 특정 표적 기관만을 인식하는 이유는 표적 기관의 세포막에 특정 호르몬을 알아내어 결합할 수 있는 물질, 즉 수용체가 있기 때문입니다. 호르몬과 수용체는 열쇠와 자물쇠의 관계처럼 제대로 짝을 이루었을 때만 제 역할을 합니다. 이것을 호르몬–수용체 모형이라고 합니다.

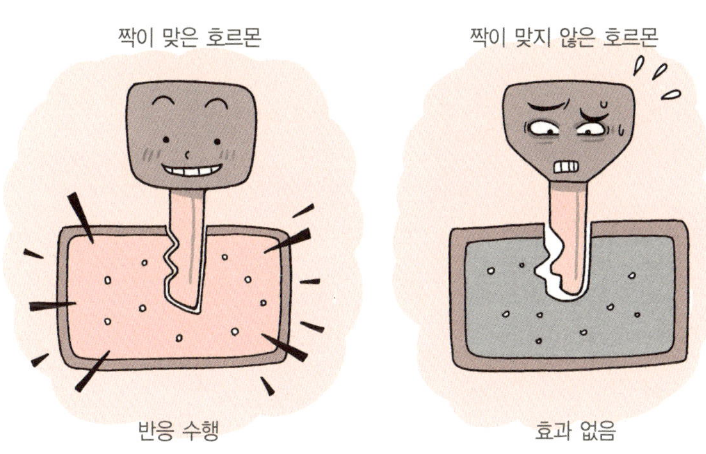

호르몬 – 수용체 모형

호르몬의 역할

　호르몬은 여러 가지 반응 속도, 성장, 발달 그리고 생식까지 모두 조절합니다. 하나의 호르몬이 표적 세포에서 여러 가지 효소 단백질의 합성을 일으켜서 반응들을 빠르게 변화시킬 수 있으며, 아주 적은 양의 호르몬이 여러 기관에서 다양한 표적 세포의 활동을 모두 조종할 수도 있습니다.

　표적 세포에는 그 호르몬과 맞는 수용체를 가지고 있어야 합니다. 아무리 표적 세포가 많아도, 또 아무리 호르몬이 많

아도 호르몬과 수용체가 맞지 않으면 아무 소용이 없다는 것
이지요. 성과 성벽을 이용해서 설명해 볼게요.

생어가 칠판에 성과 성벽, 성문을 그렸다.

여기 큰 성이 있습니다. 성은 크게 내부의 성과 성을 둘러
싸고 있는 성벽으로 이루어져 있지요. 그리고 성벽에는 성문
이 있습니다. 왕이 살고 있는 이 성안에 아무나 들어갈 수 없
지요. 그래서 누군가가 성안으로 들어가려면 성문 앞을 지키
고 있는 성문지기의 허락을 받아야 한답니다.
　성을 세포에 비유해 보겠습니다. 그렇다면 성벽은 세포막,
성문은 수용체에 해당합니다. 그리고 성안으로 들어가려고
하는 사람은 호르몬이 되겠지요.
　__ 아~! 그러니까 호르몬이 수용체와 잘 맞아야 세포 안으
로 들어가 알맞은 작용을 할 수 있다는 것이군요.
　네, 맞습니다. 척추동물은 약 50가지가 넘는 호르몬을 만
듭니다. 각 호르몬은 혈액을 따라 운반되어 신체의 모든 조
직과 접촉하게 되지만 세포가 정해진 수용체를 가지고 있어
야만 그 호르몬의 영향을 받을 수 있습니다.
　또한 호르몬이 만들어져서 혈액을 따라 표적 기관에 전달

되려면 어느 정도 시간이 필요합니다. 어떤 호르몬은 표적 세포에서 새로운 단백질을 만들어서 그 작용을 나타내기 때문에 더 많은 시간이 걸릴 수도 있지요. 그래서 내분비 물질이 작용하는 데는 몇 분, 몇 시간 또는 며칠까지도 걸릴 수 있습니다.

항상성

우리 몸에서 혈액 속의 포도당 농도를 조절하는 인슐린 호르몬을 만드는 곳은 이자(췌장)입니다. 인슐린은 이자의 세포 중에서 섬 세포라 불리는 특별한 세포들이 만드는 단백질 호

과학자의 비밀노트

알파 세포(α cell)와 베타 세포(β cell)
알파 세포와 베타 세포는 이자의 이자섬을 구성하는 세포 중의 하나이다. 알파 세포는 글루카곤을 생산·분비하며, 다른 구성 세포들과 밀접한 상호 연관 작용으로 저혈당 등의 자극에 분비되어 혈당을 조절한다. 베타 세포는 인슐린을 생산·분비하며, 전구체인 프로인슐린(proinsulin)으로 생성되었다가 골지체(단백질을 세포 밖으로 분비하는 세포 소기관) 내에서 인슐린이 되어 고혈당 등의 자극에 의해 분비된다.

르몬입니다. 섬 세포에는 몇 가지 특별한 종류가 있는데, 베
타 세포가 인슐린을, 알파 세포는 글루카곤이라는 호르몬을
만듭니다. 앞에서 배운 글리코젠이라는 고분자 화합물의 이
름과 헷갈리지 않도록 주의하세요.

인슐린과 글루카곤은 간세포나 근섬유에 글리코젠 형태로
저장된 포도당과 혈액 속 포도당의 양 사이에 항상성이 유지
되도록 하는 호르몬입니다.

항상성이란 우리 몸의 체온, 혈당, 혈압, 산-알칼리 균형
같은 것이 일정하게 유지되는 현상을 말합니다. 체온을 예를
들어 설명해 볼게요. 우리는 온도가 낮은 얼음물을 마신다고
해서 체온이 떨어지지 않고, 온도가 높은 뜨거운 물을 마신
다고 해서 체온이 올라가지 않습니다. 또한 봄, 여름, 가을,
겨울의 기온 변화에 상관없이 체온은 항상 정상 체온인 약
37℃를 유지하지요.

밤에는 활동량이 줄어들어 체온이 약간 낮아지기는 하지만
거의 차이가 없습니다. 추운 겨울날 체온이 정상 이하로 떨
어지게 되면 몸은 외부로 나가는 열을 최소화하기 위해 땀구
멍을 닫고 몸을 움츠려 체온을 유지하려고 합니다. 그리고
모공이 닫히면서 그 사이에서 자란 체모가 바짝 서기도 하는
데, 이것이 우리가 흔히 말하는 ‘닭살’입니다.

반대로 더운 여름날 체온이 정상 이상으로 올라가면 몸은 땀구멍을 활짝 열어 체온을 조절합니다. 이때 열과 함께 밖으로 나오는 것이 바로 땀이지요. 이렇게 우리 몸은 특별한 명령 없이도 알아서 외부 환경이나 내부 환경의 변화에 따라 체온을 일정하게 유지합니다.

혈당도 체온과 마찬가지로 항상성을 유지합니다. 그래서 혈액 속 포도당의 양도 거의 변화 없이 일정한 양이 유지되지요. 혈당의 조절에는 이자에서 만들어지는 인슐린과 글루카곤 호르몬이 중요한 작용을 합니다.

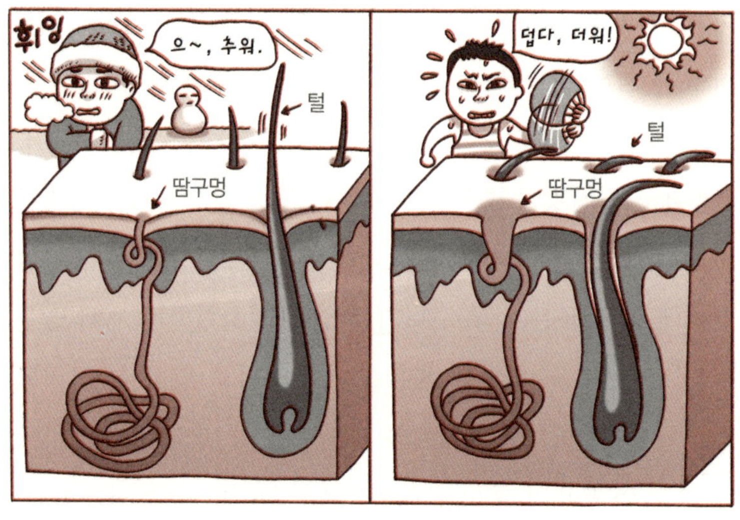

　　인슐린과 글루카곤 호르몬은 세포가 포도당을 이용하고 저장하는 것을 정확하게 조절하기 위해 서로 반대 작용을 합니다. 혈당이 높아지면 베타 세포는 인슐린을 더 많이 만들어서 분비합니다. 그러면 인슐린은 간이나 근섬유에 더 많은 포도당을 저장하여 혈액 속의 혈당을 감소시키지요. 포도당은 간세포와 근섬유에서 글리코젠 형태로 저장됩니다. 또 세포를 자극하여 포도당을 먼저 에너지로 사용하도록 하고 지방이나 단백질 형태 에너지를 저장합니다. 이렇게 하여 혈당이 정상치가 되면, 베타 세포는 더 이상 인슐린을 만들지 않습니다.

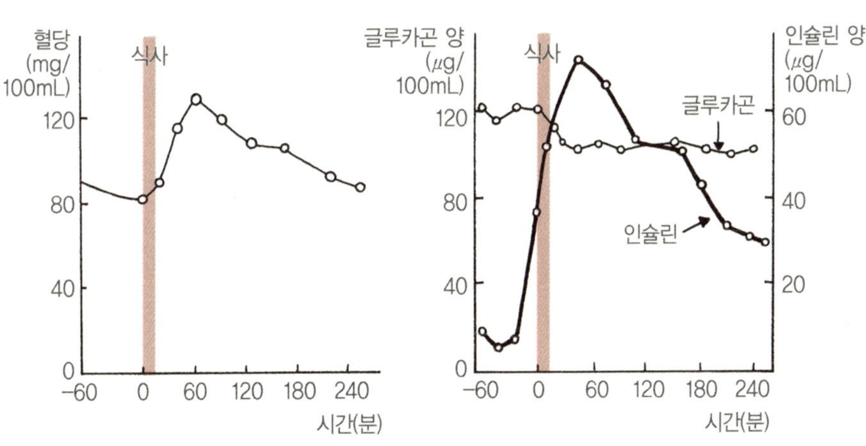

식사 전후의 포도당과 호르몬의 양

　참고로 인슐린과 글루카곤 이외에도 우리 몸에서 중요한 역할을 하고 있는 호르몬 몇 가지를 다음 페이지에 표로 정리해 놓았습니다.

　여러분, 오늘 우리는 호르몬의 특징과 종류 그리고 인슐린의 특징과 역할 등에 대해 알아보았습니다. 인슐린이 무엇인지 감이 오나요? 아직은 수박 겉핥기에 불과하다는 것을 누구보다 잘 알고 있겠지요? 다음 시간에는 인슐린에 대해 좀 더 자세히 알아보도록 할게요.

몇 가지 호르몬

만들어지는 곳	호르몬	작용
이자의 이자섬	인슐린	혈당 조절 (감소)
	글루카곤	혈당 조절 (증가)
뇌하수체 전엽	자극 호르몬	내분비 기관의 호르몬 분비 촉진
	성장 호르몬	결합 조직의 성장
	프로락틴	젖분비 촉진
뇌하수체 후엽	항이뇨 호르몬	신장에서 수분 재흡수 조절
	옥시토신	자궁 수축, 젖분비
솔방울샘	멜라토닌	생체 리듬과 수면 조절
갑상샘	티록신	생리 대사 작용 촉진
	칼시토닌	혈액 내 칼슘 농도의 감소 촉진
부갑상샘	부갑상샘 호르몬	혈액 내 칼슘 농도 증가 촉진
가슴샘	티모신	T 림프구 성숙 촉진
심장	이뇨 호르몬	나트륨 이온의 재흡수 조절
위	가스트린	위액 분비 촉진
부신 겉질	알도스테론	배뇨량과 혈압 조절
	당질 코르티코이드	포도당 대사 조절, 혈당 증가
부신 속질	에피네프린	자율 신경 조절
	노르아드레날린	자율 신경 조절
콩팥	에리트로포이에틴	혈구 세포 증식 조절
난소	에스트로젠	여성 2차 성징 발현과 유지
정소	테스토스테론	남성 2차 성징 발현과 유지
피부밑 지방	렙틴	식욕 억제
피부	비타민 D 전구체	칼슘의 재흡수 조절

만화로 본문 읽기

생어 선생님은 정말 대단하세요. 어떻게 노벨상을 두 번이나 받으셨어요?
나는 살아 있는 생명체에 관련된 화학을 연구하는 생화학자랍니다.

처음 받은 노벨 화학상은 1958년에 인슐린이라는 호르몬 단백질의 연구 덕분에 받았고, DNA라는 핵산의 염기 결합 순서의 결정 방법을 연구해서 1980년에 두 번째 노벨 화학상을 받았지요.
노벨 화학상만 두 번 받으시다니 정말 화학 박사시군요.
1958년
1980년

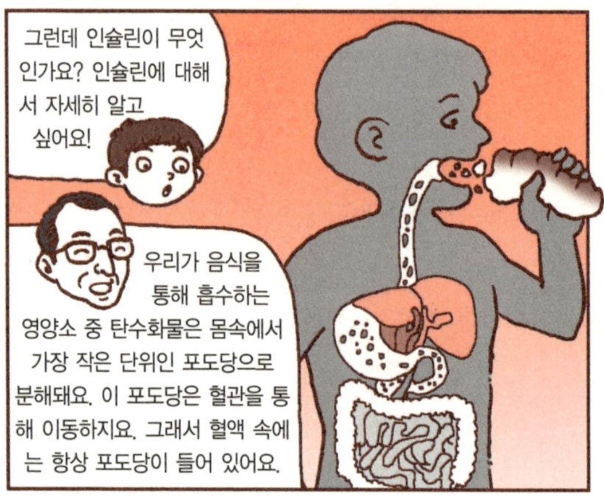
그런데 인슐린이 무엇인가요? 인슐린에 대해서 자세히 알고 싶어요!
우리가 음식을 통해 흡수하는 영양소 중 탄수화물은 몸속에서 가장 작은 단위인 포도당으로 분해돼요. 이 포도당은 혈관을 통해 이동하지요. 그래서 혈액 속에는 항상 포도당이 들어 있어요.

혈관
혈관으로 가자!
작은창자
특히 식사 직후나 운동하고 땀을 많이 흘리고 난 후에는 혈액 속의 포도당의 농도가 짙어진답니다.
혈액 속 포도당의 농도는 시간이 지나도 변화가 없나요?

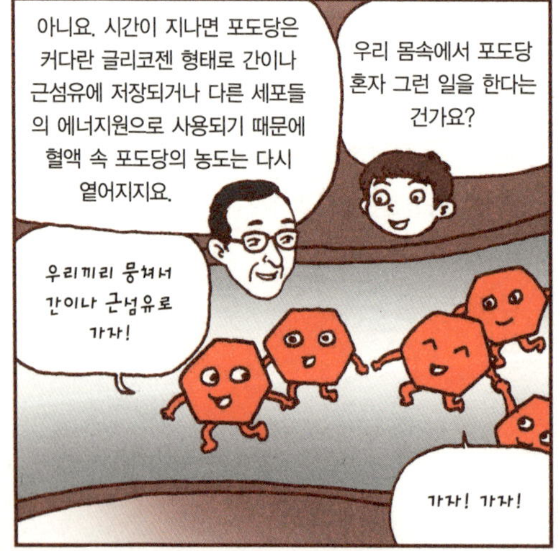
아니요. 시간이 지나면 포도당은 커다란 글리코젠 형태로 간이나 근섬유에 저장되거나 다른 세포들의 에너지원으로 사용되기 때문에 혈액 속 포도당의 농도는 다시 옅어지지요.
우리 몸속에서 포도당 혼자 그런 일을 한다는 건가요?
우리끼리 뭉쳐서 간이나 근섬유로 가자!
가자! 가자!

그렇지 않습니다. 혈액에 항상 일정한 농도의 포도당이 들어 있도록 관리해 주는 호르몬인 인슐린이 그러한 일을 하지요.
아, 그러니까 인슐린이 포도당의 교통 경찰관인 셈이군요.
너희는 간으로 가!
너희는 근섬유로 이동!
인슐린

인슐린을 구성하는 단백질

인슐린을 이루는 단백질은 어떤 구조와 성질을 가진 물질일까요?

인슐린을 구성하는 단백질

교.	중등 과학 1	4. 생물의 구성과 다양성
과.	중등 과학 2	4. 소화와 순환
연.	고등 생물 Ⅰ	3. 순환
		6. 자극과 반응
계.	고등 생물 Ⅱ	2. 물질대사
		3. 생명의 연속성

여러분, 식사 맛있게 했나요? 점심시간이 방금 지나서 그런지 모두들 노곤해 보이는군요. 식사 후에 갑자기 높아진 혈당을 낮추느라 우리의 몸이 조금 피곤할 거예요. 다 같이 기지개를 한번 켜 볼까요?

이제야 본연의 눈빛들이 되살아나는 것 같군요. 그럼 다시 우리 몸속의 호르몬에 대해 알아볼까요? 여러분 지금 우리 몸속에서 혈당을 낮추기 위해 분비되고 있는 호르몬이 무엇이지요?

__ 인슐린입니다.

　네, 잘 기억하고 있군요. 인슐린은 단백질로 이루어져 있고, 우리 몸속의 혈당을 항상 일정하게 조절해 주는 호르몬입니다. 이번 시간에는 처음으로 인슐린을 발견한 사람들의 이야기와 단백질에 대한 이야기를 할게요, 잠깐만요.

　생어가 학생들에게 윙크를 하곤 갑자기 교실 밖으로 나갔다. 학생들은 의아한 표정으로 생어가 다시 들어오기를 기다렸다.

인슐린의 발견

　잠시 후 생어가 개 한 마리와 함께 교실 안으로 들어왔다. 학생들은 놀란 표정으로 생어와 개를 번갈아 가며 쳐다보았다.

　하하하, 여러분의 표정이 무척 재미있군요! 혹시 개를 무서워하는 학생이 있나요? 하지만 놀라지 마세요. 사람을 물거나 크게 짖지 않으니까 말이죠. 이 개의 이름은 알파입니다. 그러니 앞으로는 알파라고 불러 주세요. 이래 봬도 알파는 인슐린 발견에 큰 기여를 한 연구원…… 아니, 연구견이랍니다. 무슨 얘기냐고요? 이제부터 내가 알파와 함께 인슐린을

발견하게 된 역사적인 순간에 대해 이야기할 테니 귀를 쫑긋 세우고 잘 들어 보세요. 알파, 앉아!

인슐린의 발견에는 지금 알파의 등장과 같이 아주 재미있는 역사가 숨어 있습니다. 19세기 말인 1899년으로 거슬러 올라가 볼까요?

폴란드의 의사였던 민코프스키(Oskar Minkowski, 1858~1931)는 개에서 이자를 떼어 내면 소화가 잘되지 않는다는 것을 알아냈습니다. 그래서 이자가 소화에 중요한 역할을 한다는 것을 알았지요. 그런데 한 가지 흥미로운 것은 이자가 없는 개의 오줌에 파리들이 많이 몰려든다는 것이었어요. 그래서 조사한 결과 오줌 속에 당분이 많이 포함되어 있

다는 것을 알았지요. 그래서 이자와 당뇨병이 관련이 있다는 것을 밝혀냈어요. 2년 후 오피(Eugene Opie, 1877~1971)라는 과학자는 이자 중에서도 이자섬이 파괴되면 당뇨병이 생긴다는 것을 알아냈습니다.

그 후 헝가리 부다페스트 의과 대학 교수인 파울레스쿠(Nicolae Paulescu, 1869~1931) 교수가 처음으로 인슐린을 분리하려고 했습니다. 그는 처음에 인슐린을 '판크레인' 이라고 불렀지요. 그리고 이 결과를 1921년에 발표했습니다.

과학자의 비밀노트

이자

이자는 척추동물의 소화관에 붙어 있으며 간 다음으로 큰 분비성 기관으로 췌장이라고도 한다. 이자의 외분비액은 여러 가지 소화 효소를 함유하고 있으며 이자관을 통해서 샘창자(십이지장)로 분비된다. 호르몬인 인슐린과 글루카곤은 혈당 조절에 관여하며 이자의 이자섬에서 만들어진 후 혈액으로 분비된다.

여기에서 중요한 인물이 한 명 더 등장합니다. 캐나다 의사인 밴팅(Frederick Banting, 1891~1941)이지요. 밴팅은 파울레스쿠 교수의 논문을 읽고 당뇨병을 치료할 수 있는 물질을 분리하려고 결심했습니다. 그는 개의 이자관을 묶으면 분비되지 못한 이자액 속에 당뇨병을 치료할 수 있는 물질이 들어 있을 것이라고 생각했어요. 그렇지만 밴팅은 원하는 실험 결과를 얻지 못했습니다.

밴팅은 토론토 의과 대학의 매클라우드(John Macleod, 1876~1935) 교수를 찾아가 자신의 생각을 이야기했습니다. 밴팅의 생각을 긍정적으로 판단한 매클라우드 교수는 당시 의과 대학생이었던 베스트(Charles Best, 1899~1978)와 노블(Edward Noble, 1900~1978)이라는 두 학생을 조수로 붙여 주면서 연구를 해 보자고 했지요. 그런데 밴팅은 조수는 한 사람이면 충분하다며 둘 중 한 사람만 고르려고 했습니다. 둘 중 누가 밴팅의 조수가 되었을까요?

밴팅은 조수를 정하기 위해 동전 던지기를 했습니다. 그 결과 베스트가 조수가 되었지요. 이름처럼 베스트가 노블을 이긴 것입니다. 겨우 조수 한 명 정하는 얘기를 왜 이렇게 오래 하느냐고요? 별 얘기 아닌 것 같지만 그때 동전 던지기 결과로 베스트는 나중에 밴팅의 노벨상 상금을 나눠 가지는 행운을 가지게 되었기 때문이지요.

밴팅과 베스트는 알파를 데리고 실험을 해 보기로 했습니다. 안전한 수술을 통해 알파의 이자를 떼어 내고 거기에서 인슐린을 분리해 냈지요. 이자가 없어진 알파는 곧 당뇨병

증상을 보이기 시작했습니다. 알파의 소변에서 포도당이 검출된 것입니다. 그들은 이미 분리한 인슐린을 알파에게 주사했습니다. 알파는 어떻게 되었을까요?

　__ 당뇨병 증상이 나아졌을 것 같아요.

　네, 맞습니다. 알파의 당뇨병 증상이 아주 좋아졌습니다. 지금 보다시피 아주 건강하지요.

　1921년 가을에 밴팅과 베스트는 실험 결과를 매클라우드 교수에게 설명했습니다. 매클라우드는 밴팅의 실험이 당뇨병 치료에 매우 중요하다는 것을 깨닫고, 실험에서 잘못된 몇 가지를 지적해 주면서 더 많은 실험동물과 장비를 제공해

주었습니다. 이를 계기로 밴팅과 베스트는 인슐린 분리에 박차를 가했습니다.

그런데 알파에게서는 인슐린을 아주 적은 양밖에 분리할 수 없었습니다. 당뇨병 환자에게 투여하기에는 턱없이 모자란 양이었지요. 그래서 매클라우드 교수는 단백질 분리를 전문으로 하는 생화학자인 콜립(James Collip, 1892~1965)을 연구에 합류시켰습니다. 그 결과 1921년 12월에 당뇨병 환자를 대상으로 임상 시험을 할 만한 인슐린을 분리해 냈습니다.

1922년에 1월 11일에 밴팅, 베스트, 콜립이 토론토 종합 병원에서 14살의 당뇨병 환자인 톰슨에게 임상 시험을 진행했습니다. 처음으로 인슐린을 주사하자 톰슨은 심한 알레르

기 반응을 일으켰어요. 주사한 인슐린이 순수하게 분리된 것이 아니었기 때문이었지요. 콜립은 그 후 열흘이 넘도록 밤을 새며 인슐린을 순수하게 분리하는 연구를 했습니다. 그결과 순수하게 분리된 인슐린을 추출해 냈고, 1월 23일 톰슨에게 두 번째로 주사했습니다. 톰슨은 어떻게 되었을까요?

__ 당뇨병이 호전되었지요?

물론입니다. 순수한 인슐린을 투여한 결과 어떤 부작용도 나타나지 않았고, 오줌에서 당분도 검출되지 않았습니다. 그후 톰슨은 27살에 오토바이 사고로 사망할 때까지 퇴원 후 13년을 건강하게 살았습니다.

당시 그 병원에는 당뇨병이 심해서 입원해 있는 환자가 50명이 넘게 있었어요. 밴팅 연구진은 모든 환자에게 인슐린 주사를 놓기 시작했습니다. 그들이 병원 한 바퀴를 다 돌기도 전에 당뇨병 때문에 혼수상태에 빠진 환자들이 주사를 맞고 깨어나기도 했습니다. 이 결과는 캐나다 의학지에 소개되었고, 밴팅과 베스트는 세계 최초로 당뇨병 치료법을 개발한 사람들로 아주 유명해졌답니다.

그런데 이 환상의 팀에도 문제가 있었어요. 밴팅과 베스트는 사이가 좋았지만 콜립은 그렇지 못했거든요. 결국 얼마 지나지 않아서 콜립은 연구진을 떠나게 되었습니다. 그런데

콜립이 떠난 후 밴팅이 분리한 인슐린은 순수하지 않아서 문제가 많았습니다. 결국 인슐린은 일리릴리라는 제약 회사의 도움으로 순수하게 정제되었고 그해 가을부터 일리릴리에서 의약품으로 팔리게 되었지요.

1923년에는 인슐린에 대한 연구로 밴팅과 매클라우드가 노벨 생리의학상을 받았습니다. 그런데 밴팅은 함께 연구했던 베스트가 상을 함께 받지 못한 것을 불만으로 여겼지요. 매클라우드보다는 오히려 실질적인 연구를 더 많이 한 베스트가 상을 받아야 한다고 생각했기 때문입니다. 그래서 밴팅은 자신의 노벨상 상금의 반을 베스트에게 나눠 주었답니다.

정말 의리 있는 사람이지요?

이 소식을 들은 매클라우드도 가만히 있을 수 없었지요. 그도 곧 받은 상금의 반을 자신이 추천해서 연구에 합류시켰던 콜립에게 나눠 주었습니다. 그런데 실제로 이 연구를 제일 먼저 한 사람은 누구였지요? 바로 부다페스트 의과 대학의 파울레스쿠 교수였지요. 그래서 후에 사람들은 파울레스쿠에게도 상을 주지 않은 것이 노벨상 위원회의 실수라고 생각하고 있어요.

이렇게 인슐린이 발견된 후 나는 인슐린의 아미노산 결합 순서를 밝혀서 1958년에 노벨 화학상을 받았습니다. 그 후 1969년에 영국의 호지킨(Alan Hodgkin, 1914~1998)이라

는 여성 과학자가 X선을 이용하여 인슐린의 입체 구조를 밝혔습니다. 호지킨은 인슐린 구조를 밝히기 전에 이미 1964년에 노벨 화학상을 받았어요. 1977년에는 인슐린을 방사성 면역법으로 분석하는 방법을 개발한 여성 과학자 앨로(Rosalyn Yalow, 1921~)가 노벨 생리의학상을 받았지요.

인슐린이 많은 과학자에게 노벨상으로 안겨 주었네요. 밴팅과 매클라우드는 노벨상 상금을 다른 과학자들과 나눠 갖기도 했으니 인슐린은 마음 씀씀이가 후한 호르몬임에 틀림없는 것 같습니다.

마음씨 좋은 인슐린은 역시 착한 마음을 가지고 있는 우리의 몸속 세포라는 아주 작은 곳에서 만들어지고 작용합니다. 세포와 세포 속에 들어 있는 여러 가지 단백질들에 대하여 알아볼게요.

인슐린의 역사

(1) B.C.1500년경 고대 이집트, 에버스 파피루스 문서에 다뇨증에 대한 기록이 나옴. 인도의 고대 경전 아유베다에 곤충과 날벌레들이 당뇨병 환자의 소변을 좋아한다는 기록이 나옴.

(2) B.C.600년경 인도, 의학의 아버지라 불리는 수수루타
(Sushruta Samhita)가 당뇨병 증상에 대한 자세한
기록을 남기고 당뇨병을 분류함.

(3) B.C.50년경 중국, 황제내경소문에 소갈(消渴)이라는
병으로 다음, 구갈, 수척을 일으킨다고 기록됨.

(4) 1세기경 카파도키아, 아레테우스(Aretaeus)가 처음으
로 당뇨병(diabetes)이란 이름을 사용하고, 이 병에 대
해 '오줌으로 사람의 살과 뼈가 녹아 나오는 병'이라
고 기록함.

(5) 6세기경 인도, 한 내과 의사가 당뇨병 환자의 오줌에
서 단맛을 발견함.

(6) 13세기 고려, 향약구급방과 15세기 조선, 향약집성방
에 당뇨병(소갈)의 증세와 치료법, 합병증 기록됨.

(7) 1683년 스위스, 브루너(Johann Brunner, 1653~
1727)가 개의 이자를 제거하면 다식, 다뇨의 증상이 나
타남을 발견함.

(8) 1798년 롤로(John Rollo, ?~1809)가 당뇨병 환자의
혈액 속에 포도당이 과도하게 많다는 사실을 증명함.

(9) 1869년 독일, 랑게르한스(Paul Langerhans, 1847
~1888)가 이자에서 인슐린 분비 조직 이자섬(랑게르한

스섬)을 발견함.

⑽ 1889년 러시아, 민코프스키와 메링(Josef Mering, 1849~1908)이 이자를 제거한 개의 오줌에 파리가 모여든다는 사실을 발견하고 성분을 분석한 결과 다량의 포도당이 녹아 있음을 확인함.

⑾ 1921년 캐나다, 밴팅과 베스트가 개의 이자로부터 인슐린을 분리하는 데 성공함.

⑿ 1956년 영국, 생어가 인슐린의 1차 구조(아미노산 결합 순서)를 밝힘.

⒀ 1969년 영국, 이집트 출신의 영국의 과학자 호지킨이 X선 결정학으로 인슐린의 입체 구조를 밝힘.

⒁ 1977년 미국, 버슨(Solomon Berson, 1918~1972)과 앨로가 혈중 인슐린 양을 측정, 당뇨병에도 몇 가지 유형이 있다는 것을 밝힘.

⒂ 1978년 유전 공학 기술을 이용하여 인간 인슐린을 개발함.

세포 안의 일꾼, 단백질

대부분의 세포는 너무 작아서 우리 눈으로는 볼 수 없지만 그 안에는 많은 분자들이 충실히 제 역할을 해내는 데 여념이 없답니다. 세포를 알기 쉽게 생각하려면 옛날 성으로 둘러싸인 고을을 생각하면 됩니다.

내가 한국에 와서 가 본 곳 중 가장 인상 깊었던 곳은 바로 전라남도의 '낙안읍성' 입니다. 낙안읍성은 성벽으로 둘러싸여 있지요. 그리고 그 안에 사람들이 옹기종기 모여서 살고 있고, 집도 있고, 관청도 있고, 큰 도로도 있고, 작은 골목도 있습니다. 창고에는 쌀가마가 쌓여 있고, 집에서는 밥을 지어서 먹기도 하지요.

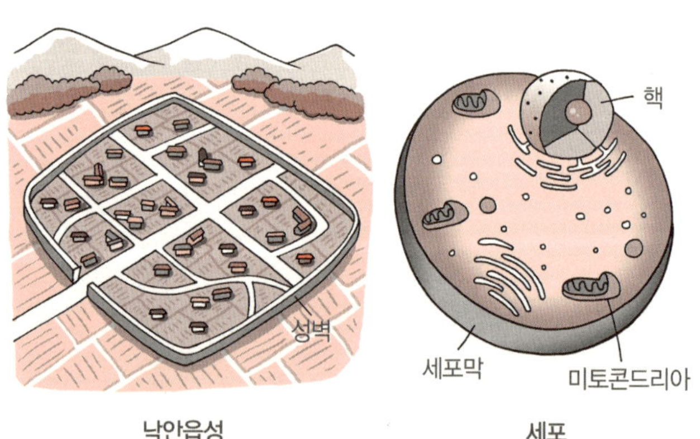

낙안읍성   세포

앞의 그림은 낙안읍성과 세포의 단면을 나타낸 모습입니다. 그림을 잘 살펴보세요. 낙안읍성과 세포의 모습이 꽤 비슷하지요?

 ＿ 세포도 마치 성과 같이 둘러싸여 있어요.

 네, 잘 살펴보았군요. 세포는 성과 같이 세포막이라는 것으로 둘러싸여 있고 그 안에 여러 가지 구조물과 분자들을 담고 있습니다.

 쌀가마 같은 영양소 분자도 있고 발전소 같은 미토콘드리아도 있지요. 그런데 실제로 성을 외부의 적으로부터 지키려면 병사도 필요하고, 쌀가마를 운반하는 마차와 짐꾼, 농사를 지을 사람, 물건을 사고파는 상인도 필요하답니다.

 이렇게 궂은일도 마다하지 않고, 일꾼 역할을 하는 것이 바로 단백질이랍니다. 단백질은 외부로부터의 적을 막기 위해 단단한 구조를 만드는 역할을 합니다. 우리 몸의 손톱, 피부, 머리카락이나 혈관을 구성하는 것이 모두 단백질인데, 이런 단백질을 콜라젠, 케라틴이라고 합니다. 또한 단백질은 세포들이 움직일 수 있게 해 주는 역할도 합니다. 예를 들면 근섬유가 수축 운동을 하거나 세균이 움직일 수 있게 해 주는 액틴이나 튜불린이 있지요.

 그리고 성안으로 쌀이나 필요한 물건들을 들여오는 장사꾼

처럼 세포막을 통과시키거나 멀리 있는 세포에서 다른 세포로 영양소나 다른 물질을 운반해 주는 지질 단백질이나 트랜스페린 같은 단백질도 있습니다. 영양소를 저장하는 단백질도 있는데, 난백 알부민이나 제인 같은 단백질이 그런 역할을 하지요. 마지막으로 세포와 세포 사이에서 연락병 역할을 하는 단백질도 있는데, 이러한 역할을 하는 단백질을 호르몬이나 생장 요인이라고 합니다.

눈으로 볼 수도 없을 만큼 작은 세포 속에 있는 단백질이 이렇게 많은 일을 하는 줄 몰랐지요? 다들 갑작스런 단백질의 등장에 혼란스러워하는 것 같군요. 지금까지 설명한 단백질의 역할을 아래 표에 정리했습니다. 여러분도 다시 한 번 정리할 수 있는 시간을 가져 보세요.

단백질의 종류와 역할

단백질	역할
콜라젠, 케라틴	손톱, 피부, 머리카락, 혈관 등을 구성함.
액틴, 튜불린	근섬유, 세균이 움직일 수 있도록 함.
지질 단백질, 트랜스페린	세포 밖의 영양소나 다른 물질을 세포 안으로 운반함.
난백 알부민, 제인	영양소를 저장함.
호르몬, 생장 요인	세포와 세포 사이의 물질을 교환함.

 생어가 들려주는 인슐린 이야기

단백질의 구조

이렇게 여러 가지 일을 하는 단백질은 어떻게 만들어졌을까요? 단백질은 분자 중에서도 커다란 분자에 속합니다. 이렇게 커다란 분자를 무엇이라고 하지요?

＿고분자라고 해요.

네, 맞습니다. 단백질도 앞에서 배운 녹말이나 글리코젠과 같은 고분자 물질입니다. 일부 학자들은 거대 분자라고도 하는데, 나는 고분자라고 하겠습니다. 이전 수업에서 설명한 고분자의 특징을 잘 기억하고 있겠지요? 고분자는 비슷한 분자 여러 개가 모여서 만들어진 큰 분자이지요.

여러분은 '강강술래' 라는 민속춤을 잘 알고 있을 겁니다. 나도 한국의 민속촌에 가서 구경한 적이 있습니다. 수십 명에서 수백 명의 사람들이 강강술래 노래에 맞춰서 손에 손을 잡고 춤을 추며 빙글빙글 도는 모습이 무척 인상적이었지요. 갑자기 강강술래 이야기는 왜 하느냐고요? 강강술래를 할 때처럼 이렇게 많은 사람이 모여서 함께 움직이는 것을 고분자라고 생각할 수 있기 때문입니다.

그러면 손을 잡고 춤을 추는 한 사람, 한 사람은 고분자를 구성하는 기본이 되겠지요? 이런 기본을 단위체라고 합니다.

단위체가 모여서 고분자 물질이 되지요. 사람들이 강강술래 춤을 추려면 서로 손을 잡듯이 단위체도 고분자가 되기 위해서 서로 손을 잡습니다. 이것을 화학 결합이라고 합니다.

단백질은 커다란 고분자이고, 단백질을 구성하는 단위체는 아미노산입니다. 아미노산이 서로 화학 결합하는 방법을 살펴봅시다.

자, 모두 일어나 보세요.

생어가 학생들을 모두 세운 후, 교실에 있는 책상과 의자를 모두 한 쪽으로 치웠다.

자, 여학생 3명은 이쪽에 서고, 남학생 3명은 오른손엔 야구공, 왼손엔 글러브를 들고 서 있으세요. 여학생들 먼저 손을 잡아 볼게요. 지금 잡은 손을 보세요. 혼자가 아니라 서로 손을 내밀어 악수하듯이 잡고 있지요? 왼손은 왼쪽 친구와, 오른손은 오른쪽 친구와 잡고 있을 겁니다. 이렇게 하면 아주 많은 친구들이 길게 한 줄로 늘어설 수 있겠네요.

그런데 이렇게 잡지 않는 방법도 있습니다. 이번에는 남학생들이 앞으로 나와 그 상태로 옆 사람과 손을 잡아 볼까요?

__ 선생님이 들고 있으라고 하신 야구공과 글러브 때문에 손을 잡을 수가 없어요.

그렇군요. 남학생들이 야구공과 글러브를 들고 있어서 다른 사람의 손을 잡기가 힘들군요. 어떻게 하면 손을 잡을 수 있을까요?

__ 야구공과 글러브를 바닥에 놓으면 되지요.

그렇지요. 그럼 지금 이야기한 대로 손을 잡아 보세요.

남학생들이 각자 야구공과 글러브를 바닥에 놓고 옆사람의 손을 잡
았다.

참 잘했어요. 남학생들은 야구공과 글러브를 들고 있어서
손을 잡으려면 야구공과 글러브를 바닥에 놓아야 해요. 그래
서 여학생들이 손을 잡으면 '손-선화-민정-송이-손' 이렇
게 되지만, 남학생들이 서로 손을 잡으면 '야구공-재민-은
호-수한-글러브' 이렇게 됩니다. 그리고 손을 잡기 위해 바
닥에 놓은 야구공과 글러브가 2개씩 남네요.

여학생들이 맨손을 잡는 것을 방향성이 없다고 하고, 남학
생들이 손을 잡는 것을 방향성이 있다고 합니다. 여학생들은
손으로 시작하여 손으로 끝나므로 순서를 거꾸로 해도 똑같
지만 남학생들은 야구공에서 시작하여 글러브로 끝나므로
맨 앞 사람과 맨 뒤 사람이 잡고 있지 않은 손이 서로 다르기

때문이지요.

아미노산들이 결합하여 고분자인 단백질을 만들 때 결합하는 방법도 남학생들이 손을 잡는 방법과 비슷합니다. 모든 단위체 아미노산에는 아미노기 부분(야구공을 든 손)과 카복시기 부분(글러브를 든 손)이 있습니다. 그래서 서로 결합할 때 야구공과 글러브가 빠지듯이 물 분자 1개가 빠집니다. 물은 수소 이온(H^+)과 수산화 이온(OH^-)이 만나서 만들어지는데, 야구공이 수소 이온, 글러브가 수산화 이온에 비유될 수 있지요. 이렇게 물이 빠지면서 이루어지는 화학 결합을 축합이라고 합니다.

남학생 한 명, 한 명을 가리키는 아미노산의 탄소 원자에는 4가지가 결합되어 있습니다. 아미노기, 카복시기, 수소 이렇게 3가지는 모든 아미노산에 공통적으로 결합되어 있고, 나머지 1가지는 아미노산마다 다른 것이 결합되어 있습니다. 이렇게 매 아미노산마다 다르게 결합된 것을 곁사슬이라고 합니다. 이 곁사슬이 무엇이냐에 따라서 아미노산 종류가 정해진다고 할 수 있지요.

단백질을 만드는 아미노산의 종류에는 크기와 상관없이 총 20가지가 있습니다. 20가지가 서로 다른 순서로 연결되어서 여러 가지 단백질을 만드는 것이지요. 그래서 크릭(Francis

Crick, 1916~2004)이라는 과학자는 단백질을 '마법의 20가지 아미노산'이라고 불렀답니다.

단백질에서 일어나는 축합을 펩타이드 결합이라고 합니다. 그리고 아미노산 여러 개가 차례로 연결되어서 기다란 사슬처럼 된 것을 폴리펩타이드라고 합니다. 단백질은 이런 폴리펩타이드 한 개로 이루어져 있거나 여러 개가 모여서 만들어진 것입니다.

인슐린도 단백질이기 때문에 폴리펩타이드로 되어 있습니다. 내가 연구하였던 소의 인슐린은 21개의 아미노산으로 만들어진 폴리펩타이드와 30개의 아미노산으로 만들어진 폴리펩타이드가 서로 연결된 단백질입니다. 이런 폴리펩타이드를 A 사슬과 B 사슬이라고 부릅니다.

나는 강강술래로 연결되어 있는 사람들을 하나씩 떼어 내서 앞에서부터 순서대로 이름을 알아냈습니다. 즉, 인슐린 단백질에서 페닐알라닌-발린-아스파라진-글루타민……과 같이 아미노산이 결합된 순서를 밝혀낸 것이지요. 묻지도 따지지도 않고 아미노산의 이름을 알아낸 방법이 궁금하지 않나요? 이에 대한 해답은 다음 수업 시간에 가르쳐 줄게요. 그럼 다음 시간에 다시 만납시다.

아미노산 종류

아미노산	세 자 약어	한 자 약어
알라닌(Alanine)	Ala	A
아르지닌(Arginine)	Arg	R
아스파라진(Asparagine)	Asn	N
아스파트산(Aspartic acid)	Asp	D
시스테인(Cysteine)	Cys	C
글루탐산(Glutamic acid)	Glu	E
글루타민(Glutamine)	Gln	Q
글라이신(Glycine)	Gly	G
히스티딘(Histidine)	His	H
아이소류신(Isoleucine)	Ile	I
류신(Leucine)	Leu	L
라이신(Lysine)	Lys	K
메싸이오닌(Methionine)	Met	M
페닐알라닌(Phenylalanine)	Phe	F
프롤린(Proline)	Pro	P
세린(Serine)	Ser	S
트레오닌(Threonine)	Thr	T
트립토판(Tryptophan)	Trp	W
티록신(Tyrosine)	Tyr	Y
발린(Valine)	Val	V

선생님이 처음으로 인슐린을 발견한 건가요?
아니요. 민코프스키라는 폴란드 의사가 이자가 없는 개의 오줌에는 파리가 많이 몰려드는 것을 보고 오줌을 조사한 결과 당분이 많이 포함되어 있다는 것을 알았지요.
아하!

이자와 당뇨병이 관련이 있는 것이군요?
그렇지요. 그 후에 캐나다 의사인 밴팅은 개의 이자관을 묶으면 분비되지 못한 이자액 속에 당뇨병을 치료할 수 있는 물질이 들어 있을 것이라고 생각하고 실험을 했습니다.
이자 안에 무언가가 있을 것 같은데….

그래서 밴팅은 원하는 결과를 얻었나요?
밴팅은 원하는 실험 결과를 얻지 못했어요. 그래서 토론토 의과 대학의 매클라우드 교수와 상의를 했고 매클라우드 교수는 당시 의과 대학생이었던 베스트를 조수로 소개해 주었습니다.
베스트

밴팅과 베스트는 연구견 알파의 이자를 떼어 내고 거기에서 인슐린을 분리해 냈어요. 이자가 없어진 알파는 곧 당뇨병 증상을 보이기 시작했고 그들은 이미 분리한 인슐린을 알파에게 주사하였지요.
알파는 어떻게 되었나요?

알파의 당뇨병 증상이 아주 좋아졌지요. 매클라우드는 밴팅의 실험이 당뇨병 치료에 매우 중요하다는 것을 깨닫고, 더 많은 실험동물과 장비를 제공해 주었어요.
밴팅과 베스트의 실험이 박차를 가했겠군요.

그렇죠. 단백질 분리를 전문으로 하는 생화학자인 콜립도 연구에 합류하였고, 그 결과 1921년 12월에 환자를 대상으로 한 임상 시험에 성공했지요.
밴팅과 베스트가 세계 최초로 당뇨병 치료법을 개발한 사람들이 되었군요.

3

인슐린의
아미노산 결합 순서

인슐린 같은 단백질은 아미노산이 결합하여 만들어집니다.
어떻게 아미노산이 결합한 순서를 알아낼 수 있을까요?

인슐린의 아미노산 결합 순서

<table>
<tr><td>교.
과.
연.
계.</td><td>중등 과학 2
고등 과학 1</td><td>3. 우리 주위의 화합물
3. 생명의 진화
5. 인류의 건강과 과학 기술</td></tr>
</table>

생어가 비가 내리는 창밖을 보며
세 번째 수업을 시작했다.

여러분, 안녕하세요? 비가 많이 오는데도 수업을 빠지지 않고 모두 출석했군요. 이렇게 궂은날 여러분을 보니 더 반가운 것 같네요. 아이고, 저런! 이 학생은 빗물에 노트가 젖었나 보군요.

　__ 네, 선생님. 우산 대신 가방으로 비를 피하면서 달려왔더니 노트가 모두 젖었어요. 그래서 사인펜으로 쓴 제 이름이 이렇게 번지고 말았어요. 분명 검정색으로 썼는데, 글씨가 여러 가지 색깔로 번진 게 신기해요.

　하하하, 앗! 웃어서 미안합니다. 학생한테는 참 속상한 일

일 텐데요. 그런데 지금 학생이 오늘 내가 수업에서 할 내용의 대부분을 이야기한 것 같군요.

＿ 네? 제가 선생님이 하실 수업 내용을 거의 다 했다고요?

네, 그렇답니다. 아마 비에 젖은 노트를 가진 학생이 오늘 수업 내용을 가장 잘 이해할 수 있을 거예요. 본격적으로 수업에 들어가기 전에 잠깐 복습을 해 보도록 할게요.

인슐린 호르몬은 단백질의 한 가지이고, 단백질은 세포에서 아주 중요한 일을 많이 한다고 했습니다. 단백질은 어떻게 만들어진다고 했지요?

＿ 아미노산들의 축합을 통해서 만들어진다고 했어요.

네, 잘 대답했어요. 이번 시간에는 단백질에 들어 있는 아미노산들이 어떤 순서로 결합해 있는지 알아내는 방법에 대하여 이야기해 보겠어요. 이미 알고 있겠지만 내가 받은 첫 번째 노벨상 이야기라고도 할 수 있지요.

어떻게 분리할까?

단백질에 있는 아미노산이 어떤 순서로 결합해 있는지 알아내려면 몇 가지 기술이 필요합니다. 그중에 종이 크로마토그래피라는 기술이 있습니다. 말이 너무 어렵다고요? 그럼 이렇게 표현해 볼까요? '물에 번진 사인펜 글씨' 어떤가요? 이제 좀 감이 오지요? 여러분도 이미 많이 실험을 해 보았던 종이 크로마토그래피 기술에 대해 설명해 보겠습니다.

마침 아까 비를 맞고 온 학생의 젖은 노트가 다 말랐군요. 종이를 말리고 났더니 노트가 좀 두꺼워지고 쭈글쭈글해졌지요? 그리고 노트에 사인펜이나 수성 볼펜으로 적어 놓은 글씨가 여기저기 번져 있군요. 그런데 아까 학생이 말했던 것처럼 검정 사인펜으로 적은 글씨가 번지면서 검정색뿐만 아니라 파란색이나 붉은색, 노란색 등으로 퍼져 나간 것을

볼 수 있습니다. 마르고 나니 좀 더 선명해졌군요.

왜 이러한 현상이 일어났는지 좀 더 자세히 살펴보기 위한 실험을 해 볼게요. 여기 거름종이가 하나 있습니다. 거름종이가 없다면 집이나 교실에 있는 휴지를 이용하면 됩니다.

거름종이 끝에서 조금 떨어진 곳에 검정색 사인펜이나 수성 볼펜으로 점을 찍고 거름종이 끝을 접시에 담긴 물에 살짝 담가 보세요. 종이에 물이 빨려 올라오지요? 물이 점점 올라오다가 점 찍은 곳을 지나면 점에 있던 잉크들이 물에 녹아서 같이 올라가는 것을 볼 수 있습니다. 그런데 조금 기다리면

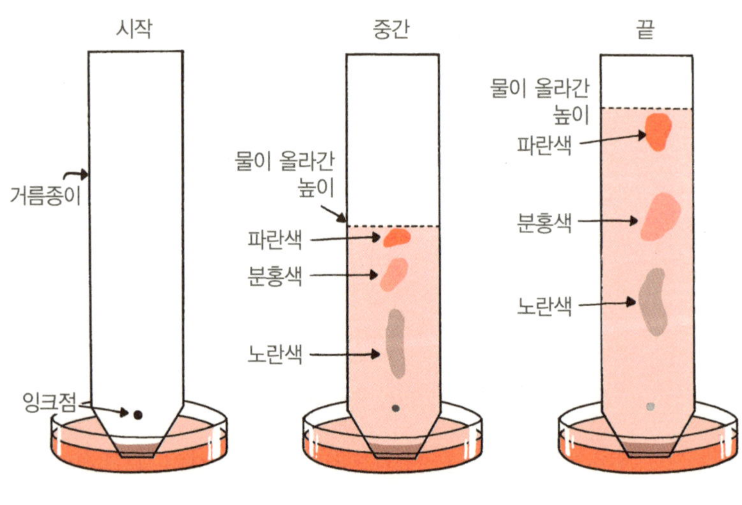

종이 크로마토그래피

한 가지가 아니라 여러 가지 색으로 나뉘어서 올라가는 것을 볼 수 있어요. 이러한 방법을 이용하면 여러 가지 물질이 섞여 있는 혼합물을 분리할 수 있지요. 이런 기술을 종이 크로마토그래피라고 합니다.

크로마토그래피 기술은 이렇게 거름종이나 휴지를 이용하는 종이 크로마토그래피도 있고, 고운 가루가 발라진 유리판을 이용하는 얇은 막 크로마토그래피도 있어요. 그리고 고운 가루를 채운 유리관을 이용하는 대롱 크로마토그래피도 있지요. 크로마토그래피 기술은 러시아의 식물학자 츠베트(Mihail Tsvet, 1872~1919)가 잎에 있는 엽록소의 색소를 분리하기 위해서 처음으로 사용했습니다.

검정색 사인펜을 분리했을 때 여러 가지 색으로 분리되는 이유는 각 색소마다 달리기 실력이 다르기 때문입니다. 이것을 이용하면 혼합물에 어떤 물질들이 섞여 있고 그것이 무엇인지도 알 수 있지요.

이와 같은 원리를 이용하여 여러 가지 아미노산이 섞여 있는 혼합물을 종이에 찍고 물이나 다른 액체에 그 끝을 담가 두면 아미노산들이 액체를 따라 올라가면서 분리되겠지요? 그런데 여기에는 문제가 한 가지 있어요. 아미노산은 색이 없다는 것입니다. 때문에 분리된 아미노산을 우리 눈으로 볼

수가 없지요. 그래서 종이를 말린 후에 발색 시약, 즉 색을 나타내는 약품을 뿌립니다. 아미노산의 색을 나타내는 시약으로는 닌하이드린이라는 약품이 많이 사용돼요.

범죄 수사 드라마나 영화를 보면 범인의 손자국이나 지문을 찾기 위해서 분무기로 약품을 뿌리고 형광등을 비추어 보는 것을 볼 수 있지요? 손에서 나온 땀에는 아미노산이나 단백질이 들어 있기 때문에 땀이 묻어 있다면 이 약품과 반응해서 색이 나타납니다. 물론 아미노산의 양이 많을수록 진하게 나타나지요.

닌하이드린을 이용하여 범인의 지문 찾기

예를 들어 아미노산의 결합 순서, 종류와 양을 모두 알 수 없는 단백질이 있다고 생각해 봅시다. 먼저 단백질을 이루는 아미노산의 종류와 양부터 알아볼게요.

단백질을 이루는 아미노산의 종류와 양을 '아미노산 조성'이라고 합니다. 아미노산 조성을 알려면 단백질을 모두 아미노산으로 분해해야 해요. 아미노산이 단백질로 축합될 때는 야구공과 글러브를 놓고 손을 잡듯이 펩타이드 결합을 하면서 물을 내놓는다고 했지요? 그런데 아미노산 조성을 알려면 단백질을 아미노산으로 분해해야 하므로 물을 다시 넣어 주어야 합니다. 이것을 물을 넣어 분해한다고 해서 가수 분해라고 합니다.

그런데 펩타이드 결합이 너무 단단하기 때문에 물만 넣어 주었다고 해서 잘 분해되지 않습니다. 만일 펩타이드 결합이 물에 의해 쉽게 분해된다면 단백질로 이루어져 있는 우리 피부도 물에 닿으면 모두 녹아 버릴거예요. 그래서 물과 함께 아주 센 산을 넣어서 높은 온도로 오랫동안 가열해 줍니다. 그러면 단백질이 여러 가지 아미노산으로 분해되지요.

다음에는 이것을 거름종이에 점으로 찍어서 말린 후 종이

가수 분해

가수 분해는 화학 반응의 한 가지 형태로 어떤 화합물이 물 분자와 반응하여 2개의 분자로 분해되는 반응이다. 탄수화물이나 단백질 같은 중합체가 물과 반응하여 더 작은 분자들로 분해되는 반응이 가수 분해에 속한다.

닌하이드린(ninhydrin)

화학식 $C_9H_6O_4$로 나타내며, 무색 막대 모양의 결정으로 250℃에서 녹는다. 아미노산의 존재 여부를 알아내는 데 사용되며, 이러한 성질을 이용하여 범인의 지문을 찾는 데 쓰이고 있다. 아미노산은 색이 없지만 닌하이드린과 반응하면 청자색을 나타낸다.

크로마토그래피로 분리합니다. 물론 분리되더라도 눈에 보이지 않기 때문에 닌하이드린을 뿌려 줘야 하지요. 그러면 아미노산 종류에 따라 각자 다른 높이에서 각자 다른 색이 나타납니다. 많이 들어 있는 아미노산은 진하게, 조금 들어 있는 아미노산은 연하게 나타납니다. 이렇게 아미노산이 들어 있는 비율을 알 수 있습니다.

만약 단백질에서 아미노산 A와 C가 B보다 2배 더 많고, B, D, E, F의 양이 같다면 아미노산 조성은 A:B:C:D:E:F=2:1:2:1:1:1이 된다는 것을 알 수 있습니다.

맨 앞의 것은?

자, 이제는 아미노산들의 결합 순서를 알아볼까요? 여러 명의 학생이 얼굴을 가리고 같은 옷을 입고 서 있다면 누가 누군지 알아내기란 쉽지 않지요. 마찬가지로 여러 개의 아미노산이 자신들의 색깔을 숨긴 채 손을 잡고 늘어서 있다면 아미노산들의 이름을 알기가 어렵습니다. 그래서 나는 곰곰이 생각했습니다.

단백질의 형태로 결합하고 있을 때는 마치 여러 색이 모여서 생긴 검정색의 사인펜처럼 어떤 아미노산으로 이루어져 있는지 알 수가 없었지요. 그런데 종이 크로마토그래피를 이용해 분리하면 어떤 아미노산이 얼마나 있는지 알 수 있었어요. 아하! 그렇다면 미리 표시를 해 두면 어떨까요?

학생들을 아미노산이라 생각하고 설명을 해 볼게요. 맨 앞에 있는 학생이 누군지는 알 수 없지만 나만이 알아볼 수 있는 표시를 해 보겠습니다. 맨 앞에 있는 학생의 오른손에 노란색 끈을 감아 놓을게요. 그런 다음 학생들을 모두 흩어지게 합니다. 그러면 노란색 끈을 맨 학생 한 명과 다른 학생들이 섞여 있게 되겠지요? 하지만 노란색 끈을 맨 학생은 쉽게 찾을 수 있지요.

단백질 분석에서도 어떤 아미노산이 맨 앞에 있는지 알고 싶을 때 같은 방법을 사용합니다. 단백질을 아미노산으로 분해하기 전에 맨 앞에 있는 아미노산에 표시를 해 두는 거예요. 맨 앞에 있는 A 아미노산에 노란색 시약을 붙입니다. 이렇게 맨 앞의 아미노산에만 반응해서 노란색을 나타내는 시약(2,4-다이나이트로플루오로벤젠)을 내가 찾아냈기 때문에 내 이름을 따서 생어 시약이라고 합니다.

노란 표시를 한 후 센 산으로 가수 분해를 해서 아미노산으로 분해하고, 이 아미노산 혼합물을 거름종이에 찍어서 크로마토그래피를 합니다. 크로마토그래피가 끝나더라도 아미노

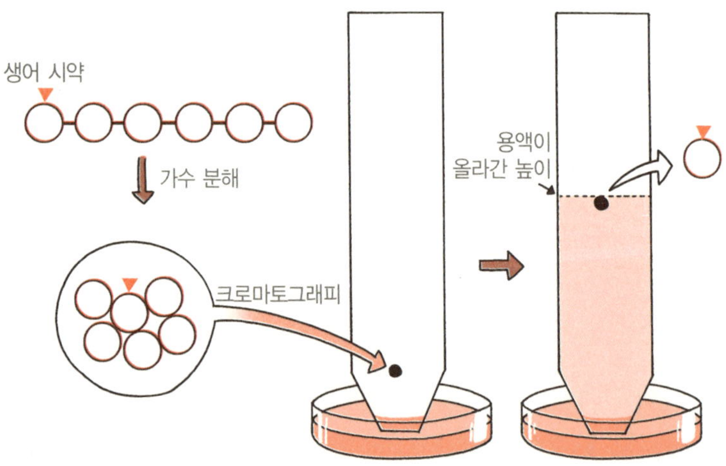

산들은 색이 없으니까 보이지 않습니다. 하지만 노란 표시를 붙인 아미노산만은 노란색으로 보이지요. 그러면 노란색을 띤 아미노산이 거름종이에서 분리되어 올라간 높이로 그 아미노산이 무엇인지 알 수 있습니다.

좀 더 자세히 설명해 볼게요. 이번에는 A-B-C-A-D-E-C-F로 연결되어 있는 단백질을 순서를 모른다는 전제하에 분리해 볼게요.

우선 단백질을 산으로 약하게 처리해서 아미노산을 한 개씩이 아닌 두세 개씩 분리합니다. 그러면 A-B, C-A, D-E-C, E-C, C-F, A-D……와 같이 불규칙하게 분해되지요. 그런 다음 크로마토그래피로 분리하고 이 종이 부분을 오려 다시 물에 녹입니다.

이 중에서 A-B 부분을 예를 들어 설명해 볼게요. 우리가 알고 있는 것은 이 종이 안에 A와 B가 있다는 것만 알 수 있습니다. 누가 먼저인 것은 알 수가 없지요. 이 종이에 생어 시약을 반응시켜서 앞에 위치한 아미노산에 노란색으로 표시한 후 가수 분해하여 크로마토그래피를 합니다. 노란색을 띤 아미노산과 보이지 않는 아미노산으로 분리가 되겠지요? 여기에 보이지 않는 아미노산의 이름을 밝혀 줄 수 있는 닌하이드린을 뿌리면 보이지 않던 아미노산이 B라는 것을 알 수

있습니다. 이것으로 앞에 위치한 아미노산이 A이고, 뒤에 위치한 아미노산이 B라는 것을 알 수 있지요.

이런 식으로 계속해서 C-A, D-E-C, E-C, C-F, A-D…… 같은 순서를 알아냅니다. 이것들과 아미노산 비율을 짜 맞추어 아미노산 결합 순서를 결정하지요. 마치 퀴즈를 푸는 것과 같지요? 조각들을 잘 맞추면 A-B-C-A-D-E-C-F라는 단백질 덩어리가 나옵니다.

A-B   C-A   D-E-C

B-C   E-C

A-D   C-F

―――――――――――

A-B-C-A-D-E-C-F

8개로 이루어진 아미노산의 순서를 알아내는 일이 결코 쉽지 않지요? 그러나 이것은 51개의 아미노산으로 된 인슐린 단백질에 비하면 아무것도 아닙니다. 인슐린의 경우에는 여러 단계의 복잡한 실험과 조합이 필요합니다.

인슐린은 21개짜리와 30개짜리의 두 사슬로 되어 있습니다. 나는 인슐린을 이루는 아미노산의 결합 순서를 알아내기 위해 가장 앞에 있는 노란색 아미노산에 표시를 했습니다.

그런데 분리를 했더니 노란색으로 표시된 아미노산이 한 개가 아니라 두 개인 거예요. 그래서 나는 인슐린이 한 개가 아니라 두 개의 사슬로 연결되어 있다는 것을 알았습니다.

난 위와 같은 반복 실험을 통해 1951년에 인슐린의 두 사슬 중 B 사슬에 연결되어 있는 30개의 아미노산 배열 순서를 완성했습니다. 그리고 21개의 아미노산으로 된 A 사슬의 아미노산 배열 순서는 1953년에 완성했지요.

실험을 해 보니 A 사슬과 B 사슬이 서로 중간에서 연결되어 있더군요. 아래 그림에서 보면 –S–S– 같은 다리 두 개가 사슬을 서로 연결하고 있지요? 이 다리의 연결 방법과 위치를 찾아내는 데 2년이 걸렸습니다. 뒤돌아 생각해 보니 이렇게 인슐린의 아미노산 결합 순서를 완성하는 데 꼬박 10년 정도 걸렸군요. 이 공로를 인정 받아서 나는 1958년 노벨 화

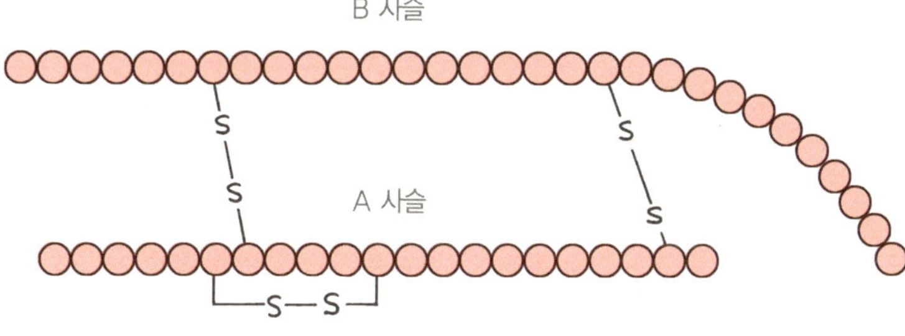

인슐린의 아미노산 배열

학상을 받게 되었답니다. 여러분 모두 내가 노벨상을 받을 자격이 있다고 생각하지요?

그 후 에드만(Pehr Edman, 1916~1977) 이라는 과학자가 맨 앞의 아미노산에 표시를 한 후 가수 분해를 할 때 표시된 아미노산만 떼어 내는 '에드만 분해법' 을 개발했지요. 그래서 차례로 하나씩 떼어 낸 후 크로마토그래피로 분리하여 결정할 수 있게 되어서 아미노산 결합 순서를 알아내는 것이 훨씬 쉬워졌습니다.

그뿐만 아니라 효소를 이용해서 특별한 아미노산 다음에서만 단백질을 분해하는 방법도 개발되었습니다. 요즘에는 에드만 분해법 이외에도 질량 분석기를 이용한 방법도 사용되어서 예전보다 더 빠르게 아미노산 결합 순서를 결정할 수 있

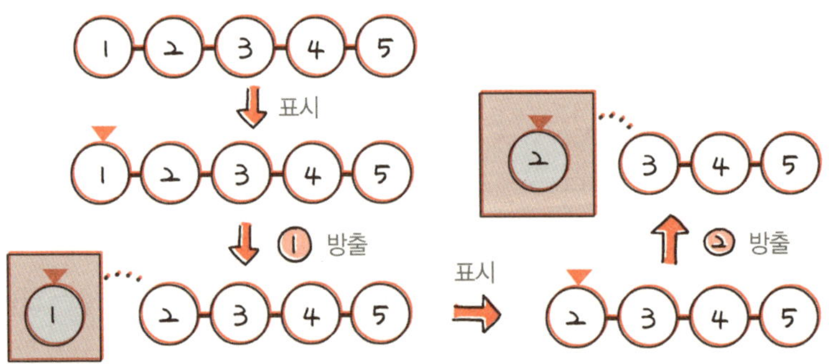

에드만 분해법

게 되었습니다.

내가 60여 년 전에 시작했던 일이 이렇게 발전해 나가는 것을 볼 수 있는 것도 큰 행복입니다. 앞으로는 아미노산 결합 순서를 결정하는 방법이 더 발전할 수 있으리라 확신합니다. 여러분도 이 연구에 동참해 보는 것은 어때요? 여러분이 실험복을 입고 아미노산과 인슐린을 연구하는 생각을 하니 벌써 가슴이 벅차오르는 것 같군요.

그럼 미래의 생화학자 여러분의 모습을 상상하며 오늘 수업은 여기서 마치겠습니다. 다음 수업 시간에는 좀 더 과학자다운 모습을 기대해도 되겠지요?

만화로 본문 읽기

저런, 책이 젖어서 이름이 번졌군요! 지금 사인펜이 번진 것과 같은 기술을 크로마토그래피라고 해요.
비에 젖은 사인펜 글씨가 크로마토그래피라고요?
네. 끝부분에 검정색 사인펜으로 점을 찍은 종이를 접시에 있는 물에 살짝 담가 볼게요.
이렇게 간단한 실험으로 크로마토그래피를 알 수 있다고요?

와! 종이에 흡수된 물이 올라오면서 검정색 잉크를 여러 가지 색깔로 분리시키네요!
네. 이렇게 하면 여러 가지 물질이 섞여 있는 혼합물을 분리할 수 있어요. 이런 기술을 종이 크로마토그래피라고 해요.
같은 원리를 이용해서 여러 가지 아미노산이 섞여 있는 혼합물을 분리할 수 있겠군요?
그렇지요. 그런데 문제가 있어요. 아미노산은 사인펜과 달리 색이 없다는 것이지요.

그러면 분리된 아미노산을 우리 눈으로 볼 수가 없잖아요?
그래서 종이를 말린 후에, 색을 나타내는 약품인 발색 시약을 뿌립니다. 아미노산의 색을 나타내는 시약으로는 닌하이드린이라는 약품이 많이 사용된답니다.
결합!!
아미노산
닌하이드린
그리고 가장 앞에 있는 아미노산에 생어 시약으로 표시를 해서 아미노산의 결합 순서를 알 수 있지요. 나는 아미노산의 결합 순서를 결정한 업적으로 첫 번째 노벨상을 받았답니다.
와! 선생님 정말 대단해요!
생어 시약
가수 분해
크로마토그래피

4

생체 촉매, **효소**

아미노산의 결합 순서를 결정하는 데 도움을 주는 효소에 대해 알아봅시다.

생체 촉매, 효소

4

생어가 실험복을 입고 교실로 들어와서
네 번째 수업을 시작했다.

촉매와 효소

내가 실험복을 입은 모습이 어색한가요? 하하하. 하지만 나는 여러분이 보지 않는 곳에서는 항상 이렇게 실험복을 입고 있답니다. 내가 오늘 갑자기 실험복을 입고 나온 이유가 무엇일까요?

＿ 실험을 하시려는 것이지요?

네, 맞습니다. 모두들 예상하고 있다시피 오늘은 여러분 앞에서 내가 실험을 하나 보여 주고 수업을 시작하려 합니다.

실험 제목은 '쭉쭉 자라나는 거품'입니다.

여기 상처에 바르는 과산화수소와 설거지를 할 때 사용하는 세제 그리고 감자 조각이 있어요. 그리고 긴 모양의 투명한 컵이 있습니다. 과산화수소를 컵 안에 넣어 볼게요. 그리고 여기에 세제를 넣고 저어 보겠습니다. 거품이 나지요?

__ 이 거품이 쭉쭉 자라나는 거품인가요? 에이~, 조금 시시한데요.

하하, 설마요~. 조금만 더 기다려 보세요. 마지막으로 여기에 감자 조각을 넣어 볼게요.

생어가 컵 속에 감자 조각을 조심스럽게 떨어뜨렸다. 감자 조각이 들어가자 컵 속에 있던 거품이 갑자기 자라서 거품이 컵 밖으로 흘렀다.

__ 와! 정말 거품이 쭉쭉 자랐어요!

내 말이 맞지요? 난 거짓말을 하지 않는답니다. 자, 이제 그 원리를 알아볼까요? 과산화수소는 공기 중에서 자연적으로 산소 기체를 발생하는 화학 반응을 일으키는데, 여기에 감자 조각을 넣어 주면 감자 조각이 산소를 더 빠르게 발생시키게 합니다. 세제는 산소가 발생하는 모습을 잘 보이게 하

기 위한 장치였고요. 이렇게 화학 반응의 속도를 빠르게 혹은 느리게 조절해 주는 물질을 촉매라고 합니다. 감자 조각이 촉매 역할을 했다고 볼 수 있지요. 촉매에 대해 자세히 알아볼게요.

세포는 끊임없이 필요한 물질을 만들기도 하고 또 분해하

과학자의 비밀노트

정촉매와 부촉매

정촉매는 반응 진행 경로를 바꾸어 반응 속도를 빠르게 변화시키는 물질로, 일반적으로 촉매를 말할 때는 정촉매를 가리킨다. 부촉매는 억제제라고도 하며, 정촉매와 반대로 반응 진행 경로를 바꾸어 반응 속도를 느리게 하는 물질을 말한다.

기도 합니다. 이런 합성이나 분해 과정에서는 화학 반응이 일어나지요. 화학 반응이 일어나는 것을 살펴볼까요? 화학 반응은 두 개 이상의 원자나 분자가 만나서 전혀 다른 새로운 물질을 만들어 내는 것을 말합니다. 예를 들면 레고 블록을 하나로 합체하거나 여러 개가 끼워져 있던 것을 분리하는 것으로 표현할 수 있지요.

먼저 합체되는 경우를 생각해 볼까요? A와 B, 두 개의 블록을 준비합니다. 두 블록을 공중에 던져서 합체를 시켜 볼까요? 불가능하다고요? 그렇지 않습니다. 몇 가지 조건만 만족시켜 준다면 말이지요.

조건에는 무엇이 있을까요? 우선 A와 B가 서로 충돌을 잘 해야겠지요? 일단은 부딪쳐야 합체든 뭐든 할 수 있을 테니까요. 그리고 블록이 서로 만나는 방향도 맞아야 할 겁니다. 마지막으로 블록이 끼워질 수 있도록 큰 힘이 필요하지요. 그런데 여러분 중에 블록을 이렇게 힘들게 끼우는 사람이 있나요?

__ 아니요. 그냥 두 손으로 끼우면 되잖아요.

네, 그렇지요. 누구도 블록을 끼울 때 이렇게 하지 않지요. A 블록을 붙들고 B 블록을 옳은 방향으로 끼우면 그만이잖아요. 바로 이렇게 두 블록을 쉽게 끼울 수 있도록 해 주는 것이 촉매랍니다.

촉매를 다른 말로는 중매쟁이라고도 해요. 많은 남자와 여자가 길거리를 돌아다니지만 쉽게 결혼을 하지는 못하지요. 그런데 중매쟁이가 남자와 여자를 불러서 서로 만나 사귀게 해 주면 결혼을 하는 경우가 많아지지요? 이런 중매쟁이 역할을 촉매가 한다고 생각하면 됩니다.

촉매라는 이름을 가진 물질이 존재하는 것은 아닙니다. 화학 반응마다 그에 맞는 촉매 물질이 다르기 때문이지요. 어떤 화학 반응에서는 금속이 촉매로 사용되기도 하고 또 어떤 화학 반응에서는 산이나 염기 물질이 사용되기도 합니다.

전 수업에서 단백질의 아미노산 결합 순서를 결정하는 방

법에 대하여 공부했던 것을 기억하고 있지요? 그 과정에 촉매가 이용된다면 어떨까요?

　　__ 연구가 훨씬 더 쉽고, 빨라질 수 있을 것 같아요.

　그렇지요. 세포에서는 촉매로 단백질이 사용됩니다. 세포와 같이 살아 있는 생명체에 관여하는 촉매를 생체 촉매라 하며, 이 단백질 생체 촉매를 효소라고 합니다. 쉽게 말하자면 단백질로 된 중매쟁이인 셈이지요. 이번 시간에는 효소가 어떤 도움을 줄 수 있는지, 효소는 무엇으로 구성되어 있고, 어떤 작용을 하는지 알아볼 거예요. 그 전에 앞에서 공부했던 단백질에 대해 좀 더 이야기할게요. 단백질이 하는 역할에는 무엇이 있지요?

　　__ 피부나 뼈, 근섬유를 만들기도 하고, 다른 외부로부터

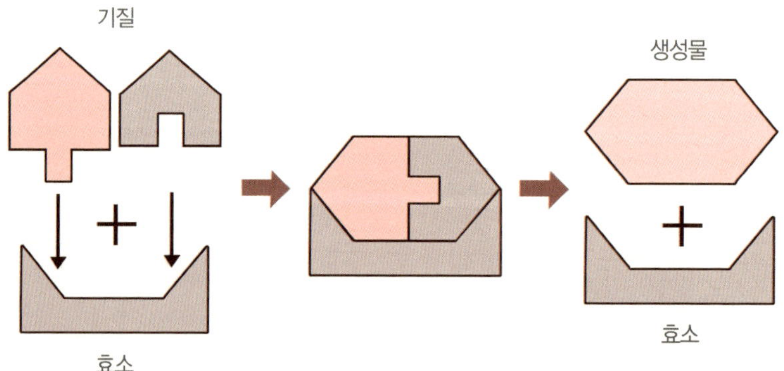

침입하는 물질을 막기도 해요.

네, 잘 대답했어요. 그런데 그중에서도 중요한 것이 효소로서 작용하는 것입니다. 우리 주변에는 효소를 이용하여 만든 물건들이 많지요. 효소를 이용한 세제, 효소 발효액, 효소 영

단백질의 기능

1. 촉매 작용 : 효소로 작용하는 단백질은 소화 작용, 에너지 획득, 생체 분자 합성과 같은 수많은 생화학 반응을 촉진하고 조절한다.
2. 구조물 : 콜라젠과 피브로인(실크 단백질)은 매우 견고해서 피부나 뼈, 명주를 구성하는 섬유를 만든다. 고무 같은 단백질인 엘라스틴은 혈관이나 피부의 탄력성 섬유에 들어 있어 생물체를 유지하거나 방어한다.
3. 운동 : 액틴, 튜불린 등의 단백질은 세포 분열, 근육 수축, 백혈구의 아메바 운동 등에 관여한다.
4. 방어 능력 : 케라틴 같은 단백질은 화학적·기계적 상처를 받았을 때 조직을 보호하고, 혈액을 응고시키는 단백질인 피브리노젠과 트롬빈은 혈관이 손상되었을 때 혈액 손실을 방지한다. 세균 같은 생물체가 침입하면 림프구에서 항체 단백질인 면역 글로불린이 만들어진다.
5. 조절 작용 : 글루카곤과 인슐린 같은 단백질 호르몬은 혈당의 농도를 조절한다. 성장 호르몬은 세포의 성장과 분화를 촉진한다.
6. 운반 작용 : 헤모글로빈 단백질은 허파로부터 다른 조직으로 산소를 운반하고, 지방을 간과 창자로부터 다른 기관에 운반하는 저밀도 지질 단백질과 고밀도 지질 단백질이 있다.
7. 저장 : 어떤 단백질은 필수 영양소의 저장소로 쓰인다. 예를 들어 새알의 난백 알부민과 포유류의 우유 속 카세인은 발생 중 유기 질소의 풍부한 공급원이 된다.

양제 등이 있습니다. 효소를 더 정확히 정의하자면 세포 안에서 일어나는 반응을 빠르게 일어나도록 도와주는 단백질 분자라고 할 수 있습니다.

효소의 기능

그렇다면 효소는 세포 안의 화학 반응에 어떻게 영향을 미칠까요?

첫째, 반응 속도가 빨라집니다. 최소 100만 배에서 최고 1조 배까지 빨라집니다. 엄청난 속도이지요?

둘째, 안정한 조건에서도 화학 반응이 잘 일어나게 해 줍니다. 반응을 일으키기 위해 열이나 압력을 가하는 등의 자극적인 조건이 필요하지 않다는 것이지요. 효소만으로도 충분히 원하는 화학 반응을 일으킬 수 있다는 뜻입니다. 요소를 만드는 공장을 예로 들어 볼까요?

공장에서 요소를 만들 때는 수백℃ 이상의 열을 가해야 하지만 사람의 간세포에서는 40℃도 안되는 온도에서 효소의 작용으로 요소가 합성됩니다. 동화 작용과 이화 작용이 일어나는 과정마다 효소가 에너지 출입을 적게 해 주어서 세포가

손상을 입지 않게 하는 것입니다.

셋째, 여러 가지 분자 중에서 필요한 것만을 골라서 반응시킬 수 있습니다. 세포 안에는 탄수화물, 단백질, 지질이 들어 있어요. 아주 작은 세포 한 개에 들어 있는 단백질의 종류만

과학자의 비밀노트

동화 작용과 이화 작용

동화 작용은 외부에서 받아들인 분자와 에너지를 이용하여 자신에게 필요한 고분자 화합물로 합성하는 작용이고, 이화 작용은 동화 작용과 반대로 체내에 있는 고분자 화합물을 간단한 저분자 화합물이나 무기물로 분해하는 작용이다.

해도 5,000가지가 넘는답니다. 그렇지만 세포가 반응하는 데 5,000가지가 넘는 단백질이 모두 필요한 것은 아닙니다. 필요한 단백질만 골라서 필요한 곳에 쓰여야 하지요. 이렇게 필요한 분자만을 잘 구별해서 반응시키는 것을 특이성이라고 하는데, 효소는 특이성이 있지요.

예를 들면 소화 작용을 할 때 아밀레이스는 녹말과 결합하지만 단백질이나 지방과는 결합하지 않습니다. 그리고 위에서 분비되는 펩신은 오직 단백질과 결합할 수 있고, 이자에서 만들어지는 라이페이스도 오직 지방과 결합할 수 있습니다. 카탈레이스는 간에서 과산화수소를 제거하는 데에만 사용되며, 알코올을 분해하는 데에는 ADH(alcohol de-hydrogenase) 효소가 사용됩니다.

이처럼 효소가 오직 한 가지 물질과 결합할 수 있는 것은 효소의 주성분이 단백질이라서 효소마다 독특한 구조를 가지고 있기 때문입니다. 이러한 성질 때문에 효소는 한 가지 기질(효소가 작용하는 물질)과 결합하게 됩니다.

독일의 피셔(Emil Fischer, 1852~1919)라는 화학자는 효소를 자물쇠와 열쇠 모형을 이용해서 설명했습니다. 자물쇠가 잠겨 있을 때 비슷한 모양을 가진 열쇠를 아무리 꽂아 보아도 열리지 않지만 제 열쇠를 넣으면 열리지요? 효소도 이

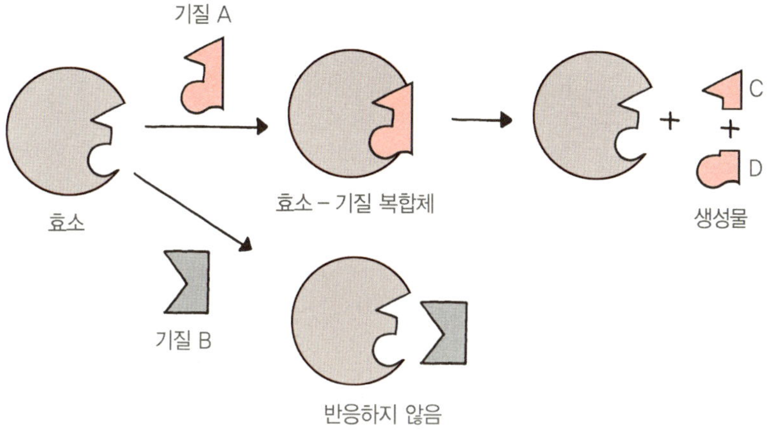

효소의 기질 특이성

렇게 자물쇠처럼 정확하게 맞는 분자만 찾아서 반응을 도와 준답니다. 이러한 효소의 성질을 기질 특이성이라고 합니다.

넷째, 효소의 촉매 작용은 조절이 잘 됩니다. 시험관에 넣어 준 촉매는 반응이 끝날 때까지(반응이 평형에 도달할 때까지) 계속 일을 합니다. 그런데 세포에서도 이렇게 끝까지 열심히 일하는 촉매가 좋을까요? 단백질을 소화시키는 효소는 우리가 먹은 음식물을 창자에서 분해하여 아미노산으로 만들어 줍니다. 그런데 그 효소가 계속 작용하면 어떻게 될까요?

__ 우리 몸에 꼭 있어야 할 단백질까지 모두 분해해 버릴 것 같아요.

네, 그렇지요. 음식물 속의 단백질을 모두 분해한 후 창자

를 이루는 단백질까지 분해해 버리면 안 되겠지요? 하지만 다행히 효소는 스스로 활동성을 조절하기 때문에 이런 일이 일어나지 않는답니다.

우리 몸에 상처가 나면 피가 나오지요? 그런데 작은 상처일 때는 조금 있으면 피딱지가 생겨서 피가 더 이상 나오지 않게 됩니다. 이렇게 피딱지를 만들어 주는 일도 혈액 속의 트롬빈이라는 효소가 합니다. 그런데 이 효소가 혈액 속에서 너무 열심히 작용하면 어떻게 될까요?

＿ 혈관 안에 있는 혈액까지 굳게 만들 것 같아요.

트롬빈의 역할

네, 맞아요. 아마 혈관 안에서 피를 엉기게 할 거예요. 그러면 피딱지가 모세 혈관을 막아서 피가 흐르지 못하게 되고, 세포나 조직이 산소와 양분을 공급받지 못해서 죽게 됩니다. 트롬빈 효소가 상처가 났을 때만 작용하고 평소에는 작용하지 않도록 잘 조절이 되고 있는 것입니다.

마지막으로 효소의 반응에서는 부산물이 생기지 않습니다. 우리가 실험실에서 하는 실험이나 공장에서 일으키는 반응에서는 원하는 반응이 100% 일어나는 일은 거의 없습니다. 원하는 생성물 이외에 다른 부산물이 생기지요. 그러나 세포 안에서 효소가 일으키는 반응은 어떤 부산물도 생기지 않습니다.

효소가 작용하는 데는 적당한 온도가 필요합니다. 온도가

과학자의 비밀노트

부산물

부산물은 화학 반응에서 주생성물 이외에 함께 생성되는 다른 물질을 말한다. 예를 들어 포도당 두 분자를 결합시켜서 엿당(말토오스)을 합성하려고 할 때 세 분자가 결합한 말토트리오스나 네 분자가 결합한 것도 생길 수 있다. 이때 엿당을 주생성물이라 하고 함께 생성된 다른 것들을 부산물이라고 한다.

너무 높으면 효소가 파괴되고 온도가 너무 낮으면 촉매가 있
더라도 반응의 속도가 느려지기 때문이지요. 효소는 단백질
이기 때문에 온도가 필요 이상으로 높아지면 변성이 일어나
서 파괴됩니다. 변성이란 단백질의 상태가 바뀌어서 고유의
성질을 잃은 것을 말합니다. 여러분, 달걀을 삶으면 어떻게
되나요?

__ 달걀의 상태가 고체로 변해요.

그렇지요. 달걀을 뜨거운 물에 넣고 삶으면 액체에서 고체
로 상태가 변합니다. 그리고 삶은 달걀을 다시 차가운 물에
넣는다 해도 원래 상태로 되돌아오지 않지요. 이러한 현상을
변성이라고 한답니다. 변성이 일어나면 효소는 더 이상 기질
분자와 결합할 수 없으며 촉매 작용을 할 수 없습니다. 효소

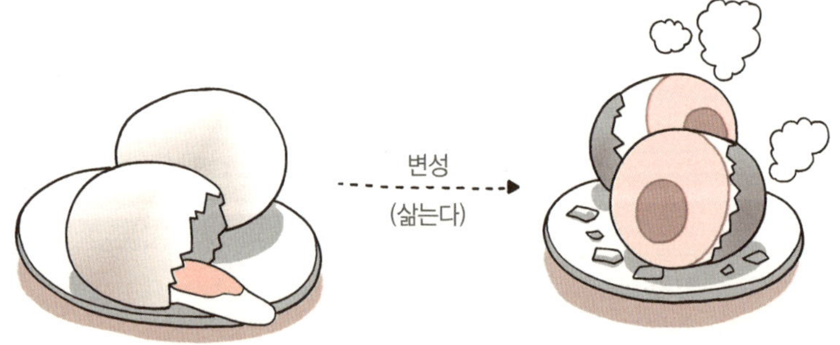

달걀의 변성

가 활동하는 데 가장 적당한 온도는 사람의 체온 37℃ 부근입니다. 이 온도를 효소 활동의 최적 온도라고 합니다.

또한 때때로 세포 내에 있는 물질이나 외부에서 들어온 물질이 효소가 하는 촉매 작용의 활성을 떨어뜨리거나 촉매 작용을 방해하는 경우도 있습니다. 이런 물질을 효소 억제제라고 합니다.

혹시 자물쇠에 열쇠 대신 성냥개비를 넣고 돌리는 장난을 쳐 본 적 있지 않나요? 이런 장난을 치다가 성냥개비가 부러져 버리기라도 한다면 꼭 맞는 열쇠가 있다 하더라도 자물쇠를 풀기가 힘들어지지요. 이런 성냥개비와 같은 역할을 하는 것이 효소 억제제입니다. 방해물이라고도 하지요.

효소는 생물의 세포 안에서뿐만 아니라 세포 바깥에서도 촉매 기능을 유지할 수 있습니다. 그래서 효소의 능력을 활용할 수 있는 분야는 무척 넓고 다양하지요. 몇 가지 예를 들어 보겠습니다.

먼저 우리가 즐겨 입는 청바지를 만들 때 효소가 활용되고 있습니다. 청바지를 만드는 섬유의 주성분인 셀룰로스는 매우 거칩니다. 그래서 예전에는 청바지를 달걀만 한 돌이 들어 있는 통에 넣고 돌리거나 모래를 공기총으로 쏘아서 청바지를 부드럽게 하고 탈색하는 방법을 사용했지만 청바지가 고

르게 부드러워지지 않는다는 단점이 있었지요. 요즘에는 청
바지를 셀룰로스 분해 효소가 들어 있는 물에 잠깐 담가 두었
다가 꺼내는 방식으로 청바지를 부드럽게 합니다. 그러나 너
무 오랫동안 담가 두면 섬유가 많이 분해되어서 너덜너덜한

과학자의 비밀노트

셀룰로스(cellulose)
섬유소라고도 하며, 식물체의 세포벽 골격을 형성하는 주성분이다. 포도
당 여러 개가 곧은 사슬 모양으로 결합한 탄수화물로 식물체의 거
의 절반을 차지한다.

청바지가 될 수도 있으니 조심해야겠지요?

또 우리가 빨래를 할 때 자주 사용하는 세제에도 효소가 들어 있습니다. 흔히 때라고 하는 것은 다른 외부 오염 물질도 있지만 몸에서 나온 땀에 포함된 단백질이나 지질이 섬유에 붙어 있는 것이기도 합니다. 이런 것들을 분해하기 위해 세제에 단백질 가수 분해 효소와 지질 가수 분해 효소를 넣어 주면 세탁물을 삶지 않아도 낮은 온도에서 때가 잘 분해됩니다. 그런데 효소 세제를 넣고 삶을 경우에는 높은 온도에 의해 효소가 변성되어서 효소의 이점을 잃게 됩니다.

효소를 이용하는 다른 예에는 건강 진단에 사용하는 소변 검사지가 있습니다. 소변 검사지에는 산소와 결합하면 청색

으로 변하는 색소와 두 종류의 효소가 포함되어 있습니다. 두 효소는 포도당 산화 효소와 과산화수소 분해 효소입니다. 포도당이 섞여 있는 오줌을 검사지에 묻히면 포도당 산화 효소의 작용으로 포도당이 산화되면서 과산화수소가 생기고, 과산화수소는 과산화수소 분해 효소에 의해 분해되면서 산소를 발생합니다. 이 산소에 의해서 검사지에 있던 색소가 파란색으로 변합니다. 파란색의 진한 정도에 따라서 오줌에 들어 있는 포도당의 양을 알 수 있고 그 양이 많다는 판단이 들면 당뇨병을 의심하게 되지요. 이와 같이 효소의 작용을 이용한 소변 검사를 통해 당뇨병을 진단할 수 있습니다.

이 밖에도 효소는 포도당을 단맛이 더 강한 과당으로 바꾸는 데에도 이용됩니다. 이렇게 만들어진 과당을 전화당이라고 하는데, 단맛을 내기 위해서 설탕 대신에 과자나 식품에 널리 사용됩니다.

여러분, 이번 시간에는 효소에 대하여 알아보았습니다. '인슐린 이야기를 하다 말고 효소 이야기를 왜 할까?' 하고 의문을 가진 학생이 있지는 않나요? 그런데 만일 효소가 없었다면 내 연구는 진행될 수 없었을 것이고 노벨상도 받을 수 없었을 것입니다.

내가 첫 번째 노벨상을 받은 아미노산 결합 순서 결정에서 단백질을 일정한 자리에서 분해하는 효소를 이용하면 훨씬 결합 순서 결정이 쉬워집니다. 또한 두 번째 노벨상을 받은 핵산 염기 결합 순서 결정에서는 효소 반응이 가장 중요한 역할을 한답니다.

다음 시간에는 효소나 인슐린 같은 중요한 단백질이 세포에서 어떻게 만들어지는지 살펴보도록 하겠습니다.

만화로 본문 읽기

과산화수소에 세제를 넣고 저으면 거품이 발생하지요. 여기에 감자 조각을 넣으면 거품이 갑자기 많이 발생합니다.
와~! 감자 조각이 어떠한 일을 하기에 가능한 건가요?
드리오
과산화수소
과산화수소+세제+감자 조각

감자 조각은 화학 반응을 빨리 일어나게 하지요. 이렇게 화학 반응에서 생성물을 빨리 혹은 느리게 발생하도록 하는 물질을 촉매라고 합니다.
그러면 세포와 같이 살아 있는 생명체에 관여하는 촉매도 있나요?
감자 조각
내가 만든 거품이라고!!

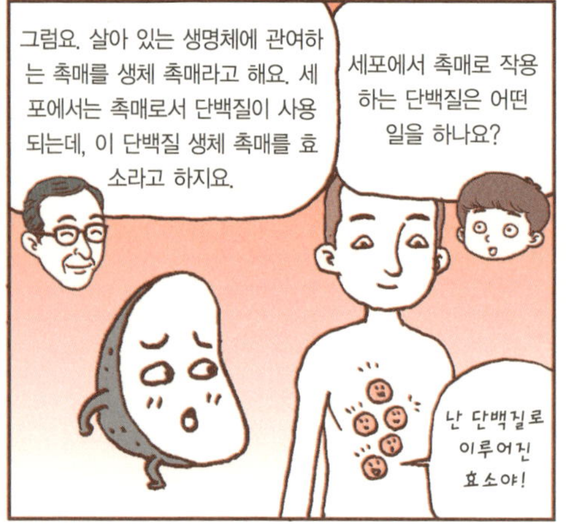

그럼요. 살아 있는 생명체에 관여하는 촉매를 생체 촉매라고 해요. 세포에서는 촉매로서 단백질이 사용되는데, 이 단백질 생체 촉매를 효소라고 하지요.
세포에서 촉매로 작용하는 단백질은 어떤 일을 하나요?
난 단백질로 이루어진 효소야!

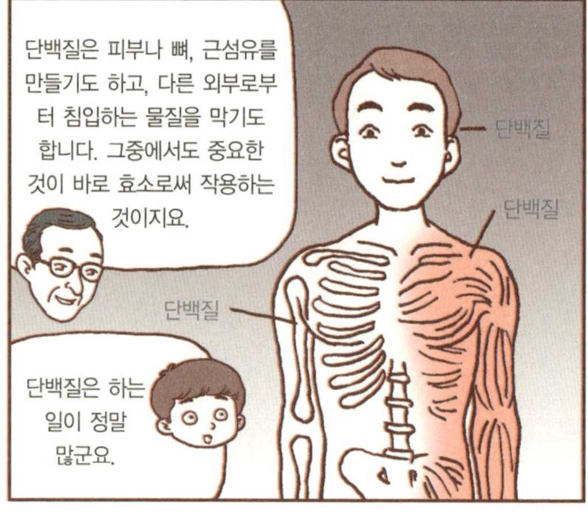

단백질은 피부나 뼈, 근섬유를 만들기도 하고, 다른 외부로부터 침입하는 물질을 막기도 합니다. 그중에서도 중요한 것이 바로 효소로써 작용하는 것이지요.
단백질
단백질
단백질
단백질은 하는 일이 정말 많군요.

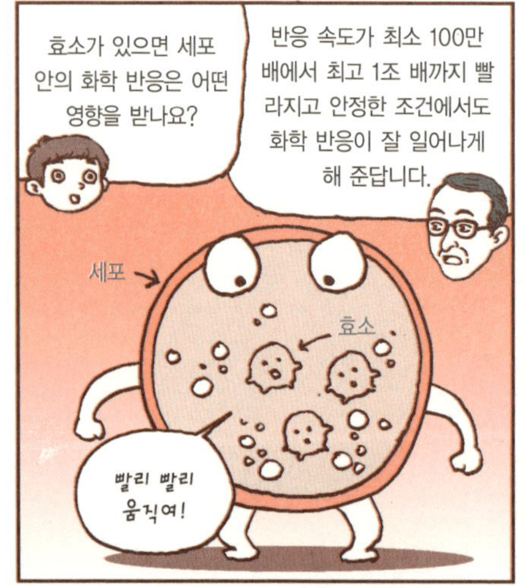

효소가 있으면 세포 안의 화학 반응은 어떤 영향을 받나요?
반응 속도가 최소 100만 배에서 최고 1조 배까지 빨라지고 안정한 조건에서도 화학 반응이 잘 일어나게 해 준답니다.
세포
효소
빨리 빨리 움직여!

또 여러 가지 분자 중에서 필요한 것만을 골라서 반응시킬 수 있고 효소의 촉매 작용은 조절이 잘 된답니다. 마지막으로 효소의 반응에서는 부산물이 생기지 않지요.
효소가 세포 안에서 무척 여러 가지 일을 하는군요.
효소의 역할
1. 반응 속도가 빨라짐.
2. 안정한 조건에서 반응이 잘 일어남.
3. 필요한 것만 골라서 반응함.
4. 조절이 잘 됨.
5. 부산물이 생기지 않음.

5

단백질을 만드는 핵산

단백질인 인슐린이나 효소는 모두 세포 안에서 만들어집니다.
어떻게 세포는 정확한 아미노산 결합 순서를 갖는 인슐린을 만들 수 있을까요?

단백질을 만드는 핵산

생어가 학생들에게 가벼운 질문을 하며
다섯 번째 수업을 시작했다.

여러분은 아빠를 많이 닮았나요? 엄마를 많이 닮았나요?

＿ 엄마와 아빠를 골고루 닮은 것 같아요.

＿ 저는 아빠보다 엄마를 더 많이 닮았어요.

각자 조금씩 다르군요. 우리가 아빠와 엄마를 닮는 이유는 부모님으로부터 유전자를 받았기 때문이랍니다. 유전자란 자녀가 부모로부터 물려받는 특징이라고 정의할 수 있습니다. 유전이라는 말은 누구나 한 번쯤은 들어 보았겠지요? 부모님 사이에서 우리가 처음 만들어질 때 아빠는 어떤 성질을 물려줄지, 또 엄마는 어떤 성질을 물려줄지를 결정한답니다.

인슐린을 만들 때도 어떤 아미노산을 어떤 순서로 몇 개나 결합해야 하는지를 정해 주는 것이 바로 유전자입니다. 세포 내 많은 구성 성분들 중에서 호르몬이나 효소와 같은 중요한 역할을 하고 있는 단백질이 아미노산의 결합으로 만들어진다는 것을 알고 있지요?

그렇다면 유전자도 단백질로 이루어져 있을까요? 그렇지 않습니다. 유전자는 핵산이라는 물질로 이루어져 있어요. 이번 시간에는 핵산에 대하여 이야기해 보도록 하겠어요. 인슐린을 만들라고 지시하는 핵산이 무엇이고 어떤 작용을 하는지 알아봅시다.

유전 물질

세포 안에 있는 핵 속에는 세포가 성장하고 분열하는 등의 활동을 하는 데 필요한 모든 유전 정보를 가지고 있는 염색체가 있습니다. 세포가 분열하면 이 염색체도 똑같은 복사물이 만들어져서 딸세포(세포 분열로 생긴 두 개의 세포)로 전달됩니다. 유전 정보는 염색체에서 유전자라는 단위로 저장되어 있습니다.

좀 더 쉽게 비유를 들어 설명해 볼게요. 유전체는 학교의 도서관과 같습니다. 도서관을 가득 채우고 있는 많은 책들을 유전자라고 생각할 수 있습니다. 모든 책은 각 주제와 내용의 흐름에 맞게 페이지가 차례대로 구성되어 있지요. 이와 마찬가지로 각 유전자에는 어떤 아미노산을 어떤 순서로 배열하여 단백질을 만들라는 지령이 들어 있습니다.

1920년대 초반까지도 유전자가 어떤 화학 물질인지 알아내지 못했습니다. 그래서 과학자들은 유전자들의 유전 현상을 알아내려면 유전자 물질을 분석해서 분자 구조를 알아내야 한다고 생각했어요.

1940년대에 핵에는 핵산이라는 물질이 있으며, 핵산에는 DNA(데옥시리보핵산)와 RNA(리보핵산)가 있다는 것이 밝혀

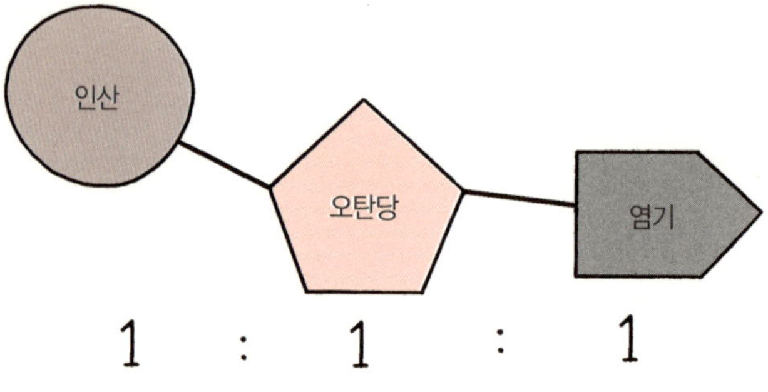

뉴클레오타이드 단위체

졌습니다. 그리고 생물체에서 DNA가 유전 물질이라는 것도 실험을 통해서 밝혀졌지요. DNA는 당, 인산 그리고 4가지 질소 염기로 구성되어 있어요. 당, 인산, 질소 염기가 1:1:1로 결합하여 뉴클레오타이드라는 단위체를 만듭니다. 이런 뉴클레오타이드 단위체가 연결되어서 긴 중합체를 만드는데, 이렇게 만들어진 고분자가 DNA입니다.

당은 모두 오탄당($C_5H_{10}O_5$, 탄소 원자가 5개 들어 있는 당)이고, 인산도 모두 같습니다. 그런데 질소 염기의 종류에는 총 4가지가 있습니다. 그러므로 뉴클레오타이드는 염기에 따라서 그 종류가 결정되는 것입니다. 4가지 염기에는 아데닌(A), 구아닌(G), 사이토신(C), 티민(T)이 있습니다. DNA를 구성하는 염기가 4가지이므로 뉴클레오타이드도 4가지가 있는 셈입니다.

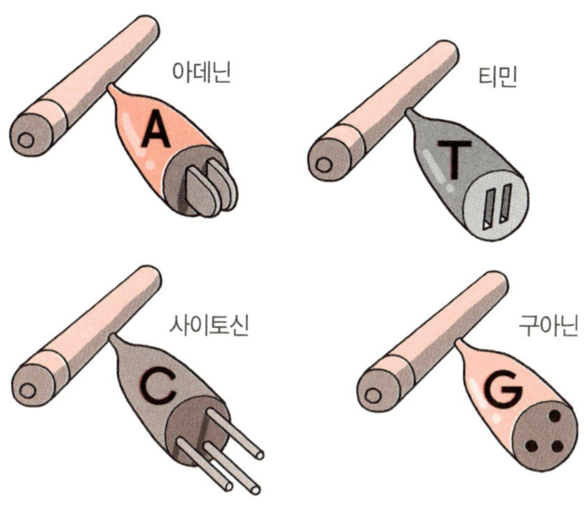

염기의 종류

DNA의 구조

　1953년에 왓슨(James Watson, 1928~)과 크릭은 DNA가 이중 나선으로 꼬인 구조라는 것을 밝혀냈습니다. 왓슨과 크릭은 본인들이 직접 실험을 하지 않고 이미 발표된 다른 과학자들의 DNA에 관한 몇 가지 중요한 실험 결과를 이용했지요. 한 가지는 두 가닥의 DNA가 이중 나선으로 꼬여 있다는 것을 보여 주는 X선 회절 사진이었는데, 이것은 윌킨스(Maurice Wilkins, 1916~2004)와 프랭클린(Rosalind

Franklin, 1920~1958)이 찍은 것이었습니다.

또 한 가지는 샤가프(Erwin Chargaff, 1905~)라는 생화학자가 발표한 염기 조성비였습니다. 모든 생물에서 A(아데닌)의 농도는 T(티민)과 같고, G(구아닌)의 농도는 C(사이토신)의 농도와 같다는 것이었지요. 이것을 바탕으로 왓슨과 크릭은 두 가닥의 DNA가 서로 마주 보며 꼬여 있는 상태인 이중 나선 구조를 발표했지요.

특히 왓슨과 크릭은 A와 G가 서로 마주 보면 이중 나선의 폭을 넘고 T와 C가 서로 마주 보면 나선의 폭이 남고, A와

왓슨과 크릭이 이용한
DNA X선 회절 사진

T, G와 C가 마주 보면 폭에 딱 들어맞는다는 것을 발견했습니다. 그들은 이와 같은 발견을 토대로 나선 구조에서 한쪽 가닥의 염기 A는 항상 다른 쪽 가닥의 T와 그리고 G는 C와 마주 보며 수소 결합을 하고 있다고 했지요.

이와 같이 서로 수소 결합을 하고 있는 상태를 상보적 염기쌍이라고 합니다. 좀 더 자세히 이중 나선 구조를 살펴보면, A와 T는 이중 수소 결합을, G와 C는 삼중 수소 결합을 하고 있습니다. 이런 상보적 염기쌍은 DNA 이중 나선의 안쪽

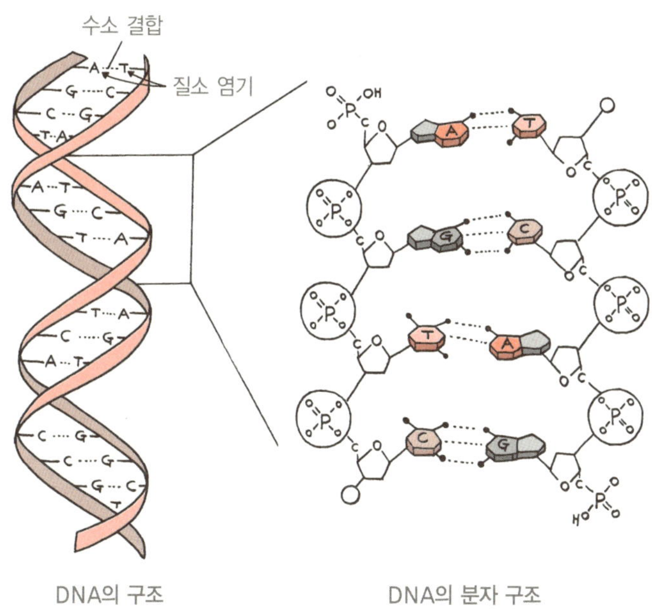

DNA의 구조　　　　　　　　　　DNA의 분자 구조

에 있고, 대부분의 DNA는 오른쪽으로 감기는 우선성 나선이며, 한 번의 회전에 대략 10개의 염기쌍이 들어 있습니다.

유전 정보

DNA에서 유전 정보란 염기가 결합되어 있는 순서를 말합니다. AGGCTG와 GGTTCA는 서로 다른 정보입니다. 컴퓨터의 기계어에서 11011과 10010이 다른 정보를 나타내는 것과 같지요. 컴퓨터는 1과 0의 2진법을 사용한다면 DNA는 A, G, C, T의 4진법을 사용한다고 할 수 있겠지요.

앞에서 공부한 단백질과 DNA의 공통점과 차이점을 살펴볼게요. 우선 공통점은 두 가지 모두 매끈하고 기다란 고분자라는 것입니다. 그리고 단위체의 중합으로 만들어진다는 것이지요. 두 가지 모두 레고 조각을 끼워서 기다랗게 만들어 놓은 것과 같습니다.

차이점으로는 단백질의 경우 아미노산이라는 레고 조각들이 펩타이드 결합을 통해서 연결되었고, DNA는 뉴클레오타이드라는 레고 조각들의 결합을 통해서 연결된다는 것입니다. 그리고 레고 조각이 어떤 순서로 늘어서 있는가에 따라서 기능이나 정보가 달라집니다. 단백질에서는 아미노산 결합 순서에 따라서 기능이나 구조가 달라지지요. DNA에서는 뉴클레오타이드 결합 순서에 따라서 유전 정보가 달라집니다.

또한 단백질과 DNA는 단위체의 수가 다릅니다. 아미노산의 종류는 20가지이지만 뉴클레오타이드는 4가지뿐이지요. 단백질을 구성하는 레고 조각이 다양하다고 할 수 있겠네요. 또 단백질은 한 가닥으로 되어 있지만, DNA는 두 가닥의 이중 나선 형태로 꼬여 있습니다.

DNA는 한 가닥의 결합 순서를 알면 다른 가닥의 결합 순서를 알 수 있습니다. 서로 상보적이기 때문이지요. 예를 들면 한 가닥이 AAGCT라면 A는 T와, G는 C와 염기쌍을

단백질과 DNA의 공통점과 차이점

구분		단백질	DNA
공통점		• 매끈하고 기다란 고분자 물질임. • 단위체의 중합으로 만들어짐.	
차이점	결합 방법	펩타이드 결합	뉴클레오타이드 결합
	단위체	20개의 아미노산	4개의 뉴클레오타이드
	모양	직선 모양으로 한 가닥	이중 나선 모양

이루기 때문에 다른 가닥은 TTCGA가 될 것입니다.

사람의 세포 속 핵에는 DNA가 직선 모양으로 각각의 염색질에 따로 쪼개져서 존재합니다. 즉, 사람의 경우에는 46개의 염색체에 46개의 DNA 분자가 각각 존재하고 있으며, 23개씩 부모로부터 각각 유전되어서 온 것입니다. 즉, 핵에 있는 DNA들이 염색체를 구성하고 있습니다. 세포 분열이 시작되기 전에는 염색체의 구조가 뚜렷하지 않은 퍼져 있는 모습인 염색질로 되어 있는데, 세포 분열이 시작되면 이들이 점점 굵어져서 염색체의 모양으로 되어 현미경으로 쉽게 관찰할 수 있습니다.

세포에서는 DNA의 유전 정보에 따라서 단백질이 만들어진다고 했습니다. 그런데 유전 정보를 간직한 DNA는 매우 소중하기 때문에 직접 단백질을 만드는 일에 관여하지 않습니다. 비유를 들어 설명해 볼까요? 도서관에서 아주 오래되고 귀중한 책을 빌리는 일은 쉽지 않지요? 그래서 도서관장님의 허락하에 책의 원하는 부분을 복사하여 정보를 얻습니다.

세포에서도 DNA가 직접 관여하지 않고 DNA를 복사한 복사본을 이용합니다. 이 복사본을 전령 RNA라고 합니다. 이 전령 RNA가 리보솜이라는 단백질 합성 장치에 결합하여 아미노산을 하나씩 결합시켜서 단백질을 만듭니다. 그러

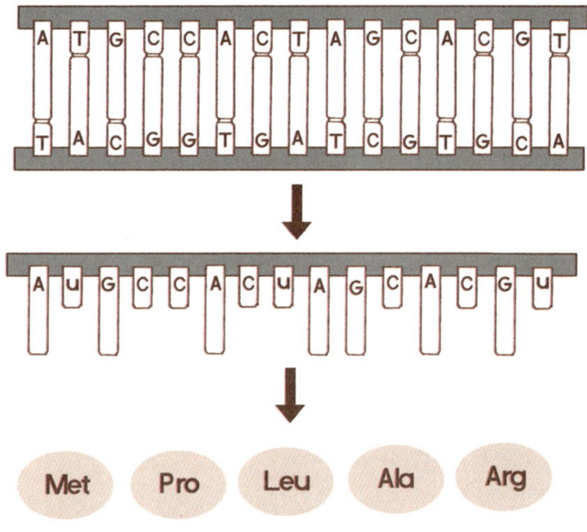

유전 정보의 흐름

므로 DNA의 정보가 RNA로 옮겨지고 이것을 바탕으로 단
백질이 만들어지는 것입니다.

이렇게 만들어진 단백질은 결합되어 있는 아미노산의 종류
와 결합 순서, 단백질의 길이에 따라서 각각 다른 기능을 하
는 단백질이 됩니다. 인슐린 단백질도 DNA 유전자 부분이
전령 RNA로 복사된 후 리보솜에 결합해서 만들어지지요.

그런데 단백질은 20가지이지만 염기 종류는 4가지이므로
염기 하나가 아미노산 한 가지를 나타낼 수 없습니다. 염기
두 개를 이용하더라도 4×4＝16가지밖에 안 돼서 부족합니
다. 그래서 세 개의 염기가 한 가지 아미노산을 나타냅니다.

4×4×4＝64이므로 충분히 20가지 아미노산을 나타낼 수 있는 셈이지요. 그러므로 DNA의 염기 결합 순서를 알아내면 여기에서 만들어지는 단백질의 아미노산 결합 순서도 알 수 있습니다.

그래서 세포에서 인슐린 단백질이 만들어지는 과정을 알아내거나 다른 세포에서 인슐린을 만들어 내려면 DNA에서 인슐린 유전자 부분을 찾아내고 DNA 염기 결합 순서를 알아내는 것이 매우 중요합니다.

그렇다면 이렇게 중요한 DNA의 염기 결합 순서를 누가 알아냈을까요?

__ 선생님이 밝혀내신 것이지요?

하하하, 여러분 모두 눈치챘군요. 네, 맞아요. 바로 내가 DNA의 염기 결합 순서를 결정하는 방법을 알아냈지요. 내

과학자의 비밀노트

RNA(ribonucleic acid)
리보핵산이라고도 하며, 뉴클레오타이드의 긴 사슬로 연결된 분자 형태이다. 각각의 뉴클레오타이드는 질소 염기, 리보스, 인산 한 분자씩으로 결합되어 있다. DNA의 염기인 티민(T) 대신 우라실(U)을 가진다.

가 DNA의 염기 결합 순서를 알아낸 방법을 간단하게 소개하겠어요.

모든 세포는 일정 시기가 지나면 분열을 해야 합니다. 이때 하나의 세포가 두 개의 세포로 분열하기 위해 세포 성분을 나누어 가지게 되지요. 그렇다면 핵 안에 들어 있는 DNA도 나누어 가져야겠지요. 그래서 세포는 한 벌밖에 없는 DNA를 두 벌로 만들어야 합니다. 이렇게 한 벌을 복사해서 두 벌로 만드는 일을 DNA 복제라고 해요.

복제는 DNA 이중 나선을 풀어 각 가닥에 대해 상보적(부족한 부분을 채워 주는 것)인 가닥을 만들어 하나의 이중 나선을 두 개의 이중 나선으로 만드는 것입니다. 이러한 복제도 일꾼인 단백질이 합니다. 그중에서 DNA 중합 효소라는 효소가 중요한 일을 하는데, 나는 이 DNA 중합 효소를 이용해서 결합 순서를 알아내려고 했지요.

복제 과정에서 염기들이 붙어 가는 과정은 레고 조각들이 연결되어서 그 길이가 점점 늘어 가는 과정과 같다고 생각할 수 있습니다. 레고 조각은 앞의 조각에 끼울 수 있는 볼록한 부분과 다음 조각이 끼워질 수 있는 홈 부분이 있습니다. 원본에 따라서 상보적인 조각을 선택해서 끼우는 일을 하는 것이 바로 DNA 중합 효소이지요.

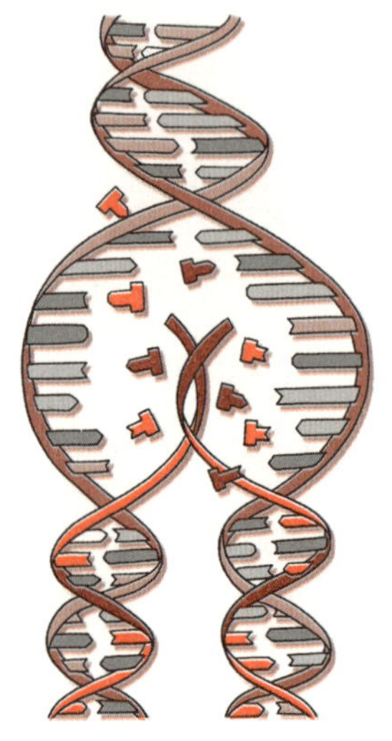

DNA 복제

그런데 앞의 레고 조각에 끼울 수 있는 볼록한 부분은 그대로 있지만, 다음에 올 조각이 끼워질 홈이 막혀 있는 조각을 넣어 주면 어떻게 될까요? 그 조각 다음에는 다른 조각을 끼울 수 없게 되겠지요? 나는 이러한 원리를 이용해 보고자 했어요.

그래서 한쪽이 반응을 하지 못하도록 변형된 재료(뉴클레오타이드)를 설계했습니다. 이렇게 홈이 막힌 변형된 재료들을 '다이디옥시(dideoxy) 뉴클레오타이드' 라고 하는데, 여기서는 A*, T*, G*, C* 로 표시하겠습니다. DNA 복제 반응을

수행할 때 정상적인 4가지 재료인 A, T, G, C와 함께 A*, T*, G*, C*도 섞어 넣으면 효소가 이것을 잘 구별하지 못하기 때문에 곳곳에서 복제가 멈춰지는 현상이 발생합니다.

예를 들어 원본 DNA의 서열이 TGATCGATC인 경우를 생각해 봅시다. 이를 복제하기 위해서 정상적인 재료들과 DNA 중합 효소만 넣어 준다면 원본에 붙는 상보적인 DNA 서열은 ACTAGCTAG가 됩니다.

원본 가닥 : T - G - A - T - C - G - A - T - C
+DNA 중합 효소
상보 가닥 : A - C - T - A - G - C - T - A - G

그러나 이번에는 정상적인 염기들 외에 A*도 함께 넣은 경우를 생각해 보겠습니다.

원본 DNA 가닥을 따라서 상보적 DNA가 만들어지다가 A가 들어가야 할 자리에 A 대신 A*가 끼어든다면 어떤 일이 생길까요?

__ A*가 끼어든 곳에서 복제 반응이 멈춰요.

네, 맞습니다. 그래서 A*에서 끝난 여러 가지 길이의 복제 가닥들이 만들어지지요. 즉, A*, O-O-O-A*, O-O-O-O-O-O-O-A*의 세 종류 가닥들이 만들어지는 것입니다.

① 원본 가닥, A, G, C, T+A*, DNA 중합 효소

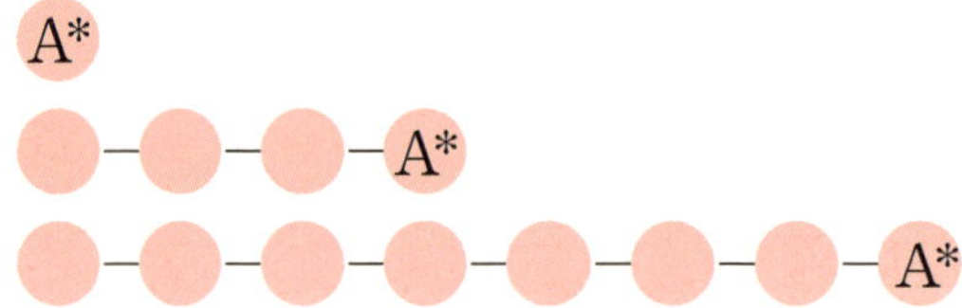

이번에는 정상적인 재료들 외에 G*도 함께 넣은 경우를 생각해 봅시다. 이 경우에 G*가 끼어들면 복제 반응은 멈추겠지요. O-O-O-O-G*, O-O-O-O-O-O-O-O-G*의 두 종류 가닥들이 생성될 것입니다.

② 원본 가닥, A, G, C, T+G*, DNA 중합 효소

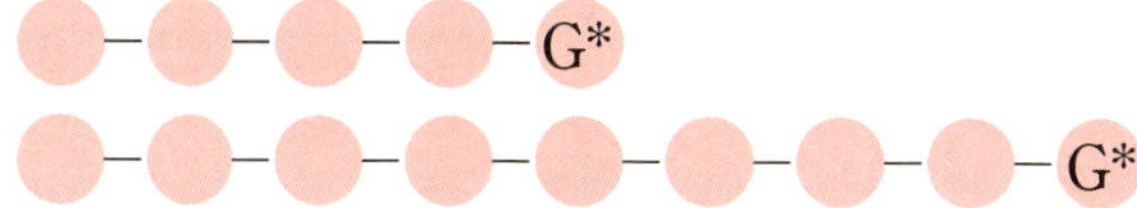

같은 방법으로 정상적인 염기들 외에 C*나 T*를 넣고도 반응을 시킵니다.

③ 원본 가닥, A, G, C, T+C*, DNA 중합 효소

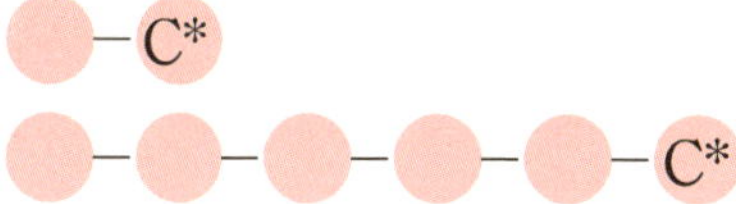

④ 원본 가닥, A, G, C, T+T*, DNA 중합 효소

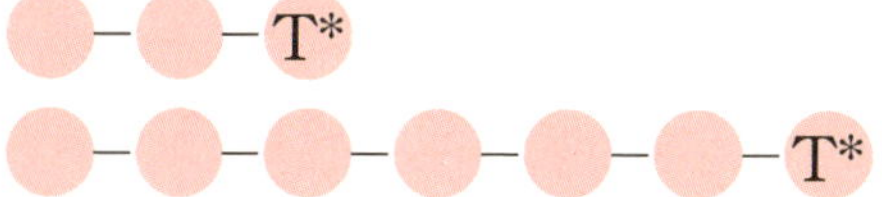

이렇게 만들어진 가닥들을 폴리아크릴아마이드 젤에서 전기 이동을 시키면 짧은 것은 빠르게 이동하고 긴 것은 느리게 이동해서 길이 순서로 분리가 됩니다. 이렇게 분리된 것을 차례대로 비교하면 결합된 순서를 알 수 있습니다.

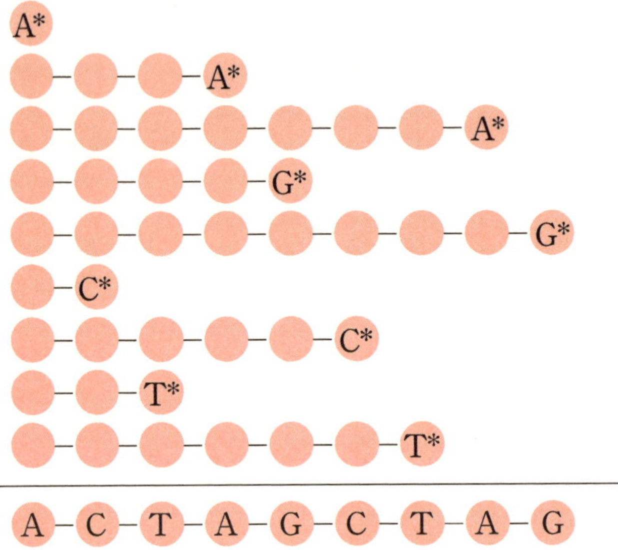

이렇게 DNA의 염기 결합 순서를 결정하는 방법을 내가
발명했다고 해서 생어법 또는 다이디옥시법이라고 합니다.
이 방법은 1980년대부터 널리 사용되고 있지만 최근에는 더
좋은 방법이나 자동화된 방법들도 등장하고 있습니다. 그러
나 그런 방법들도 모두 내가 발견한 원리를 이용하고 있지
요. 생어법의 발명은 나에게 두 번째 노벨상을 안겨 주었답
니다.

이 생어법을 만들던 시절이 내게는 황금기였다고 생각합니
다. 그 시절에는 밤을 지새워 가며 연구하고도 힘든 줄 몰랐

습니다. 실험에서 얻은 방사선 사진을 집으로 가져가서 혼자 들여다보고 웃는 것이 취미일 정도였으니까요.

나는 생어법을 이용하여 최초로 바이러스의 모든 DNA 염기 서열을 밝혀냈지요. 이렇게 세포에 들어 있는 모든 유전 정보를 통틀어서 유전체라고 하는데, 내가 처음으로 유전체의 염기 서열을 밝힌 것입니다. 그래서 사람들은 나를 유전체학의 창시자라고도 하는데, 나에게는 과분한 찬사라고 생각합니다.

여러분, 이번 시간에는 핵산에 대한 내용을 공부했습니다. 조금 어렵지 않았나요? 하지만 지금 여러분이 들은 내용은

핵산에 대한 내용 전부에 비하면 빙산의 일각일 뿐이랍니다. 여러분이 조금 더 커서 공부를 더 많이 한다면 지금보다 훨씬 더 복잡하고, 다양한 내용의 핵산 공부를 할 수 있을 거예요. 이 말은 즉, 아주 작은 핵산 속에 엄청난 비밀이 숨겨져 있다는 뜻이기도 하지요. 그 비밀은 장차 여러분이 스스로 풀 수 있도록 기회를 주겠습니다.

다음 시간에는 당뇨병에 대해 알아보겠습니다. 다음 수업 때까지 사탕, 초콜릿과 같은 당분이 높은 음식을 피하고 잡곡밥과 채소를 먹으면서 깨끗하고 건강한 몸을 만들도록 하세요. 당뇨병이 얼마나 무서운 병인지 설명해 줄게요. 그럼 다음 시간에 봅시다.

전 아빠를 많이 닮아서 얼굴이 큰 것 같아요. 엄마를 많이 닮았어야 하는데….
아빠의 유전자 때문에 고민이군요? 철이 학생처럼 인슐린을 만들 때도 어떤 아미노산을 어떤 순서로 몇 개나 결합해야 하는지를 정해 주는 것이 바로 유전자랍니다.

아~, 유전자 때문이군요. 그런데 단백질은 아미노산의 결합으로 만들어지는데 그러면 유전자도 단백질로 이루어져 있나요?
아닙니다. 유전자는 핵산이라는 물질로 이루어져 있어요.
난 핵산으로 이루어져 있어.

세포 안에 있는 핵 속에는 세포가 성장하고 분열하는 등의 활동을 하는 데 필요한 모든 유전 정보를 가지고 있는 염색체가 있답니다.
그 작은 세포의 핵 속에 핵산이 들어 있다고요?
내 안에 유전 정보 가진 핵산 있다.
세포

네. 1940년대에 핵에는 핵산이라는 물질이 있으며, 핵산에는 DNA와 RNA가 있다는 것이 밝혀졌어요. DNA에서 유전 정보란 염기가 결합되어 있는 순서를 말합니다.
말로만 듣던 DNA, RNA가 핵 속에 있는 핵산이었군요.
염기
A: 아데닌
T: 티민
G: 구아닌
C: 사이토신

아! 선생님께서 두 번째 노벨상을 받으신 게 DNA의 염기 결합 순서를 결정하는 방법을 알아내셨기 때문이지요?
하하하! 그렇습니다. 내가 발명했다고 해서 이 방법을 생어법이라고도 하고, 다이디옥시법이라고도 합니다.
생어법

나는 생어법을 이용해서 최초로 바이러스의 모든 DNA의 염기 서열을 밝혀냈습니다. 이렇게 세포에 들어 있는 모든 유전 정보를 통틀어서 유전체라고 하는데, 내가 처음으로 유전체의 염기 서열을 밝힌 것이지요.
선생님이 설명해 주시니 참 쉬운 것 같아요.
A*
O-O-O-A*
O-O-O-O-O-O-O-A*
O-O-O-O-G*
O-O-O-O-O-O-O-O-G*
O-C*
O-O-O-O-O-O-C*
O-O-T*
O-O-O-O-O-O-O-T*
A-C-T-A-G-C-T-A-G

6

인슐린과 당뇨병

당뇨병과 인슐린의 관계를 알아보고,
당뇨병의 치료제인 인슐린을 인공적으로 얻을 수 있는 방법을 찾아봅시다.

마지막 수업

인슐린과 당뇨병

생어가 조금 걱정스러운 표정으로
마지막 수업을 시작했다.

지금까지 인슐린이라는 호르몬에 대해 이야기했고, 인슐린의 구조를 알아보기 위해서 아미노산을 결정하는 방법, 세포 안에서 인슐린 같은 단백질이 만들어지는 방법에 대해 공부했습니다. 이번 시간에는 인슐린이 왜 중요한지, 인슐린이 부족하면 어떤 일이 일어나는지 살펴볼게요.

여러분, 당뇨병이란 말을 들어 본 적이 있나요?

__ 네, 저희 할아버지께서 당뇨병 때문에 정말 힘들어하시다가 합병증으로 인해 돌아가셔서 전 당뇨병이 너무 무서워요. 선생님, 당뇨병은 왜 걸리는 건가요?

저런, 할아버지 생각이 많이 나나 보군요. **당뇨병**은 세포가 혈액으로부터 포도당을 흡수하지 못해서 일어나는 심각한 호르몬성 병입니다. 이 병은 혈액 내에 인슐린이 충분하지 않거나 세포가 인슐린에 정상적으로 반응하지 못할 때 생깁니다. 이 병에 걸리면 세포는 혈액으로부터 충분한 양의 포도당을 흡수하지 못해 체내의 지방이나 단백질을 사용하게 되지요. 한편, 소화계에서는 음식물에서 포도당을 계속 흡수하므로 혈당이 매우 높아지게 되고, 남아도는 포도당이 소변으로 분비됩니다.

당뇨병 환자의 약물 요법과 식이 요법

당뇨병을 치료하려면 인위적으로 인슐린을 공급해 주거나 당분이 적게 들어 있는 식이 요법을 해야 합니다. 하지만 안타깝게도 완전히 치료되기는 어렵지요. 그렇다면 당뇨병은 왜 걸리는 것일까요?

당뇨병의 원인

우리가 음식을 먹으면 음식물은 소화 기관으로 운반되고 효소들의 작용으로 작은 분자로 분해됩니다. 음식물에 포함되어 있는 영양소는 크게 3가지로 나눌 수 있습니다. 바로 탄수화물과 단백질, 지질이지요. 탄수화물은 우리 몸속에 흡수되어 포도당이나 다른 단당류로 분해되고, 단백질은 아미노산, 지질은 지방산과 글리세린으로 분해되지요. 이와 같은 소화물들은 작은창자에서 흡수되어 혈액과 림프를 통해 온몸의 필요한 곳에 운반됩니다. 그리고 이 과정은 소화 기관 내 효소를 생산하는 세포, 신경계 및 호르몬의 상호 작용에 의해 조절되지요.

작은창자로부터 혈액으로 들어온 포도당은 간으로 운반되며, 이때 이자 내의 베타 세포가 자극을 받아 인슐린을 분비

합니다. 인슐린은 혈중 포도당의 농도를 낮추기 위해 포도당을 글리코젠으로 바꿔 저장하지요. 인슐린은 영양분을 저장하는 방향으로 작용해 근육과 지방 조직에 의한 포도당 흡수, 간과 근육의 글리코젠 합성, 간과 지방 세포의 지질 합성, 포도당 신생 합성(알 수 없는 물질로부터 생긴 분자의 합성)을 촉진합니다. 이외에 인슐린은 아미노산의 대사에도 영향을 주어서 간과 근섬유로의 아미노산 운반을 촉진합니다.

식사 후나 격렬한 운동 후에는 혈액 내 포도당의 농도가 높아집니다. 식사 후에는 과다한 포도당을 섭취하기 때문이고,

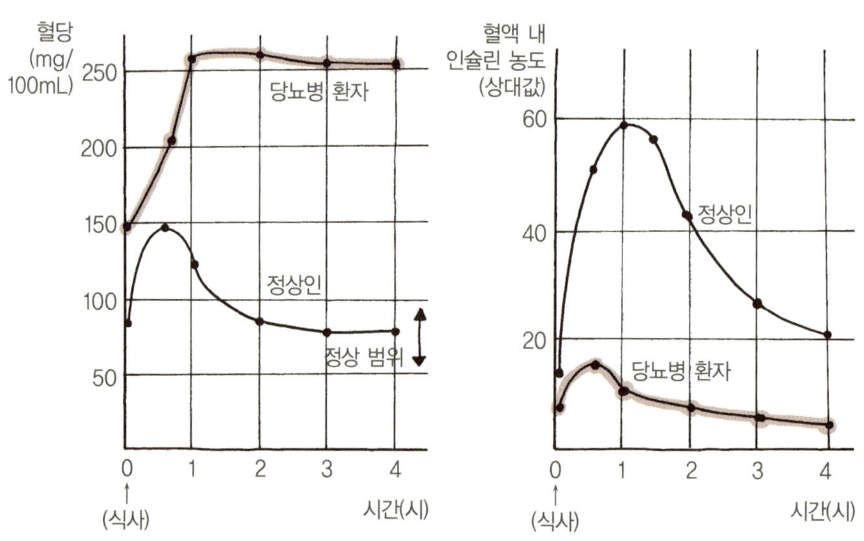

당뇨병 환자와 정상인의 혈당과 혈액 내 인슐린의 농도

운동 후에는 땀으로 수분이 배출되기 때문이지요. 정상인의 경우 이때 적절한 양의 인슐린이 혈액 속으로 분비되어 혈당을 낮춰 줍니다. 하지만 당뇨병 환자의 경우 인슐린이 정상적으로 분비되지 않기 때문에 포도당의 농도를 낮추기가 어렵습니다.

그리고 정상인의 경우 식사 후 오랜 시간이 지나거나 운동후 필요 이상의 많은 물을 섭취하면 혈당은 정상 범위 이하로 낮아집니다. 이때는 이자의 알파 세포에서 글루카곤이 분비되어 글리코젠을 포도당으로 분해해 혈액 속으로 다시 집어넣지요. 그렇게 해서 혈당이 다시 정상 범위로 돌아오면 알파 세포는 글루카곤 분비를 줄입니다. 인슐린과 글루카곤 호르몬이 한시도 쉴 틈이 없지요?

당뇨병이란 이 균형 장치의 깨짐으로 볼 수 있습니다. 이자속 이자섬의 알파 세포와 베타 세포가 제 역할을 할 수 없기 때문에 인슐린과 글루카곤이 제때 분비되지 못하는 것이지

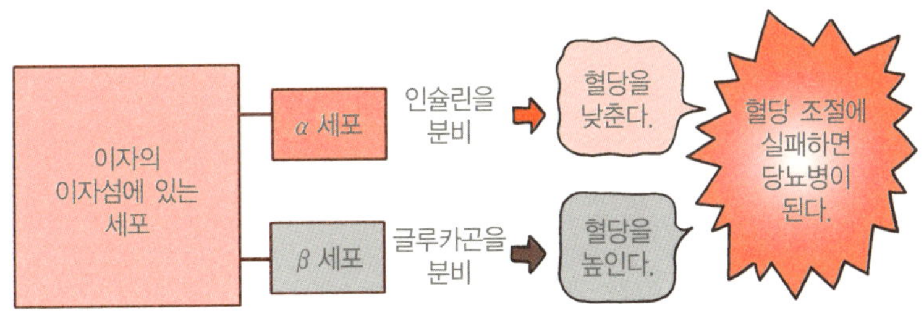

요. 당뇨병은 불충분한 인슐린 합성, 인슐린의 분해 증가, 비효율적인 인슐린 작용 등에 의해 일어나는 심각한 대사 질환으로, 세포가 혈액으로부터 포도당을 제대로 흡수할 수 없어서 일어납니다.

당뇨병의 종류

당뇨병의 종류에는 크게 두 가지가 있습니다.

제1형 당뇨병(인슐린 의존성 당뇨병)은 이자의 베타 세포가 파손되어 적절한 양의 인슐린이 분비되지 않아서 일어납니다. 면역계에 의해서 이자의 베타 세포가 파괴되는데, 모든 인슐린 생산 능력이 파괴될 때까지 뚜렷한 증상이 나타나지 않습니다. 제1형 당뇨병은 보통 20세 전에 발병하기 때문에 '소아 당뇨병' 이라고도 부릅니다.

제2형 당뇨병(인슐린 비의존성 당뇨병)은 인슐린이 작용해야 할 세포가 인슐린에 대해 무감각하기 때문에 일어납니다. 이 당뇨병은 제1형 당뇨병보다 좀 더 가벼운 병으로 일반적으로 40세 무렵에 발병합니다. 제1형과 대조적으로 제2형 당뇨병은 혈액 내 정상 또는 높은 농도의 인슐린을 갖습니다. 하지만 제2형 당뇨병 환자는 인슐린에 대한 내성을 가지고 있기 때문에 인슐린이 제 역할을 못하지요. 인슐린 내성의 가장 흔한 원인은 인슐린 수용체가 없거나 있더라도 정상적이지 못한 경우입니다.

여기서 주목해야 할 점은 제2형 당뇨병 환자의 약 85%가 비만이라는 것입니다. 비만이 만병의 근원이라는 말을 들어 본 적 있지요? 비만은 당뇨병의 최대 적이랍니다. 여러분도 필요 이상의 지방이 몸에 쌓이지 않도록 인스턴트 음식을 가급적 피하고, 알맞은 식단과 적절한 운동으로 비만이 되지 않도록 해야 할 것입니다. 뚱뚱한 사람보다 날씬한 사람이 건강할 뿐만 아니라 인기도 많잖아요?

당뇨병의 대표적 증상은 고혈당(혈액 속에 포함되어 있는 포도당의 양이 많음)입니다. 혈액이 신장에서 여과될 때 포도당을 제대로 재흡수하지 못해 포도당이 소변 속에 나타나는데, 이것을 당뇨라고 해요. 당뇨는 과도한 양의 물과 전해질(Na^+, K^+, Cl^- 등)을 몸에서 빠져나가게 합니다.

그래서 오줌을 자주 누고, 갈증을 자주 느낍니다. 그리고 포도당이 몸에 흡수되지 못하고 소변으로 빠져나오므로 자주 허기를 느끼게 됩니다. 하지만 많이 먹어도 살은 자꾸만 빠지게 되지요. 여러분이나 여러분 주위에 갑자기 살이 빠지거나 자다가 화장실에 자주 가고, 갈증 때문에 잠을 깨는 경우가 잦은 사람이 있다면 당뇨병을 의심해 보아야 합니다. 그 외에도 당뇨병은 신장 장애, 심근 경색, 뇌내출혈, 시력 상실과 신경 장애 등의 합병증을 일으키며, 심할 경우 합병증에 의해 사망할 수도 있습니다.

2005년 11월에 대한당뇨병학회는 한국의 국민 가운데 당뇨로 진료를 받은 사람이 400만 명을 넘어섰다고 발표했답니다. 이는 100명 중 8.3명이 당뇨 관련 질환을 앓고 있는 셈이지요. 학회는 이 같은 추세는 앞으로 더욱 가속화되어 2010

① 다음 : 목이 자주 마르고
물을 많이 마시게 됨.

② 다뇨 : 소변 양이 늘고
자주 보게 됨.

③ 체중 감소 : 이유없이
체중이 감소함.

④ 다식 : 배가 자주 고프고
많이 먹게 됨.

당뇨병의 증상

년에는 490만 명, 2020년에는 620만 명, 2030년에는 720만 명의 국민이 당뇨 질환을 앓게 될 것이라는 충격적인 전망을 했습니다.

당뇨 대란

당뇨병 환자가 3,000만 명을 돌파한 중국과 인도, 지난 10년 간 40%에 가까운 증가율을 보이며 당뇨병 환자 2,000만 명 시대를 향해 가는 미국 등 당뇨병의 확산은 세계적인 현상이 되어 가고 있습니다. 이러한 현상을 당뇨 대란이라고 합니다. 이를 반영해 국제연합(UN)은 2006년 말 당뇨병의 위험성을 알리는 '당뇨병에 대한 결의안'을 채택했습니다.

전문가들은 당뇨 대란이 전 세계적 문제이며 특히 한국 등 아시아 국가들은 더 위험하다고 경고했어요. '아시아 지역의 당뇨병 현황'이라는 보고서에 따르면 전 세계 당뇨병 환자가 2007년 2억 4,000만 명에서 2025년엔 3억 8,000만으로 늘어날 것이라고 하는군요. 특히 주목할 만한 것은 아시아에서 단기간에 당뇨병이 급격히 증가한 것이지요.

각 나라별로 증가율을 살펴보면, 한국은 30년 동안 5.1배, 인도네시아는 15년 동안 3.8배, 중국은 15년 동안 3.4배, 태국은 30년 동안 3.8배, 인도는 20년 동안 4배, 싱가포르는 약 7년의 짧은 기간 동안 2.1배, 대만은 10년 동안 1.6배 증가한 것으로 분석었답니다.

아시아 지역 당뇨병의 또 다른 특징은 젊은 연령층에서의

당뇨병 비율이 서양인에 비해 높은 경향을 띤다는 것입니다. 미국의 30~39세, 40~49세의 당뇨병 비율을 비교해 보면, 40대에 갑자기 증가하지만, 아시아 대부분의 나라에서는 30대의 당뇨병 비율도 매우 높은 것으로 조사되었지요.

2004~2007년 기간 중 국민건강보험공단의 '질병 분류별 연령별 급여 현황' 자료를 분석한 결과 2007년 한 해 진료 인원을 기준으로 할 때 당뇨병 환자 수는 172만 3,500여 명이었습니다. 진료비 지급 건수는 12만 3,900여 건이었고, 총 진료비는 3,800억여 원이었다고 해요. 진료 환자 연령별로는 60대가 51만 1,500여 명으로 가장 많았고, 50대가 44만 4,500여 명으로 그 뒤를 이었습니다.

진료 인원이 이 정도인 것을 보면 실제 당뇨병 환자는 훨씬 더 많음을 짐작할 수 있습니다. 전문가들은 당뇨병 환자들 중 상당수가 합병증이 나타날 때까지 병이 있음을 느끼지 못하는 경우가 많다고 입을 모아 이야기하지요. 여기에 과체중과 비만, 복부 비만 등을 가지고 있는 위험군을 포함하면 잠재적 환자 수는 추산하기조차 어려워집니다.

당뇨병의 피해

당뇨병은 혈관이나 심장 등의 순환 계통의 합병증과 실명, 조기 사망 등 다양한 합병증을 동반하며, 환자 본인이나 가족들에게 심각한 물질적, 정신적 피해를 유발하는 질병입니다. 당뇨병 환자들의 대부분이 이러한 합병증 때문에 괴로워하며, 그중 약 $\frac{2}{3}$는 순환 계통 질환으로 사망하고 있습니다.

그리고 이에 따른 의료비 지출 증가 및 노동력 상실에 따른 경제, 사회적 부담도 막대합니다. 당뇨 대란이 현실화된다면 연간 1조 3,000억 원에 이르는 의료비가 지출되고 노동력의 대규모 손실이 예상됩니다. 이 정도의 지출이라면 각 가정과 경제에 막대한 피해를 입힐 가능성이 매우 높지요. 미국의

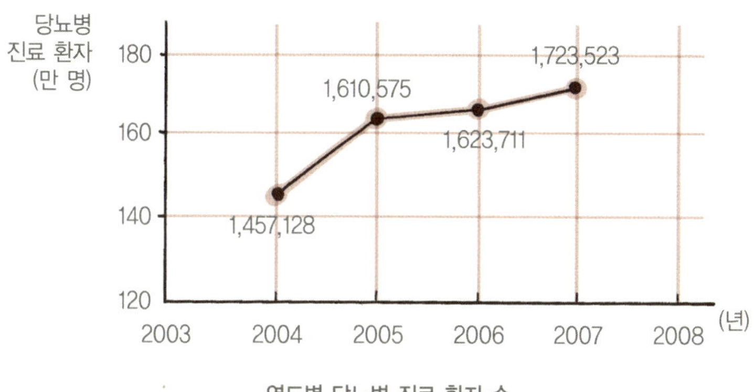

연도별 당뇨병 진료 환자 수

경우 당뇨 환자가 정상인에 비해 2~4배의 의료비를 더 쓰고, 국가 전체로 봤을 때 의료비 중 당뇨와 관련된 것이 40%를 차지합니다.

한국의 대한당뇨병학회는 현재와 같은 당뇨병 환자의 급증 추세를 감안할 때 10년 후 당뇨 합병증에 시달릴 인구는 600만 명에 달할 것으로 추산되며, 여기에 환자 1인당 1명의 간병인이 필요함을 감안할 때 전 인구의 25%인 1천 200만 명이 직간접적으로 당뇨에 시달리게 될 것이라고 발표했습니다.

또한 당뇨에 의한 사망자도 꾸준히 늘어나고 있습니다. 1970년에 당뇨병은 전체 사망 원인의 0.3%로 미미했지요. 하지만 1992년에는 전체 사망 원인에서 1,000명당 13.5명으

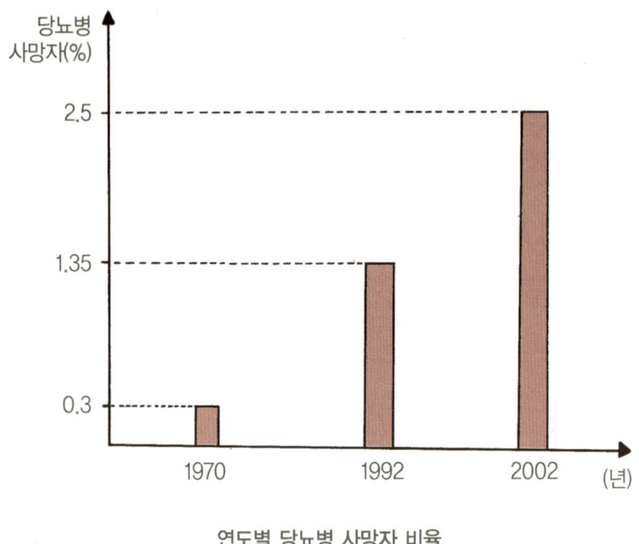

연도별 당뇨병 사망자 비율

로 7위를 기록했고, 2002년에는 1,000명당 25명으로 순위가 4위로 껑충 뛰어올랐답니다.

당뇨병에 대비하는 우리의 자세

당뇨로 인한 환자와 사망자가 날이 갈수록 증가하고 있는 문제에 대해 전문가들은 지방질이 많은 음식을 즐기고 운동을 적게 하는 현대인들의 잘못된 습관에서 오는 현상이라고 분석합니다. 특히 지방질 과다 섭취는 우리 몸으로 하여금 더 많은 인슐린을 요구하게 만들고, 그로 인해 인슐린 분비 이상 또는 기능 저하 현상이 나타나게 되는 것이지요.

다른 질병과 마찬가지로 당뇨병은 예방이 최선입니다. 이미 발병한 환자들도 식이 요법과 운동 요법, 약물 요법 등을 적절하고 꾸준히 실천하는 것이 가장 좋은 치료 방법이지요. 동시에 스트레스를 극복하려는 노력을 게을리해서는 안됩니다. 그래서 전문가들은 '건전한 생활 습관이 당뇨병 예방과 치료의 최선책'이라고 강조합니다. 세계당뇨병연맹(IDF)이 당뇨병 관련 유엔 결의안 통과를 추진한 기본 목적도 주의 환기와 예방입니다.

당뇨병은 식생활과 운동량 등 생활 습관성 질환이기 때문에 예방 교육과 관리가 중요해요. 당뇨병 전 단계에 해당하는 사람은 이를 인지하는 순간부터 식사 요법, 운동 요법 등으로 체중을 줄이고 생활 습관을 고치는 데 적극 나서야 합니다. 이러한 생활 습관 개선은 합병증을 예방하고, 당뇨병의 진행을 지연시킨다는 측면에서 충분히 긍정적인 효과를 나타낼 수 있답니다.

스스로 병을 개선하기 위한 노력이 제일 중요하기는 하지만 그 외의 방법이 없는 것은 아닙니다. 의료 계통에 종사하

는 많은 연구원들과 과학자들이 당뇨병을 치료할 수 있는 방법들을 연구하는 데 시간과 노력을 아끼지 않고 있답니다. 당뇨병 치료의 해답은 당연히 인슐린이 쥐고 있겠지요. 인슐린을 어떻게 얻을 수 있는지 또 인공적으로 만들 수 있는지에 대해 알아보겠습니다.

생어가 마치 필통같이 생긴 원통에서 주사기 한 개를 꺼내 학생들에게 보여 주었다.

주사 맞는 것을 좋아하는 학생 있나요?

＿ 윽! 선생님, 전 주사가 정말 무서워요. 갑자기 주사기는 왜 꺼내신 건가요?

하하하, 그렇군요. 사실 나도 주사는 정말 무섭답니다. 이 주사는 우리가 지금까지 얘기했던 인슐린 주사액입니다. 당뇨병 환자들에게는 아주 중요한 주사액이지요. 이렇게 우리 몸속에서 아주 적은 양만이 생성되는 이 소중한 인슐린을 어떻게 얻을 수 있을까요?

인슐린을 얻는 방법

내가 처음으로 아미노산 결합 순서를 결정한 인슐린은 소에서 얻은 것이었습니다. 그러나 시간이 흐르고 다른 동물이나 사람의 인슐린에 대해서도 연구가 진행되어서 아미노산 결합 순서를 결정하게 되었지요.

사람과 소, 돼지의 인슐린을 연구한 결과 사람 인슐린과 소 인슐린은 3개의 아미노산이 다르고 돼지 인슐린은 1개 아미노산이 다르다는 것이 밝혀졌습니다. 사람 인슐린의 A 사슬의 8번, 10번 그리고 B 사슬의 30번 아미노산은 각각 트레오닌, 아이소류신, 트레오닌이지만 소 인슐린은 알라닌, 발린,

알라닌입니다. 돼지 인슐린은 B 사슬의 30번 아미노산이 트레오닌 대신 알라닌인 점만 다릅니다.

소나 돼지의 인슐린은 소, 돼지의 이자에서 얻을 수 있습니다. 그러나 사람의 인슐린은 이런 방법으로 얻을 수 없기 때문에 지금까지 돼지 인슐린이 실험에 많이 사용되어 왔지요. 또 사람과 돼지 인슐린의 차이를 알게 된 후에 분리한 돼지 인슐린 B 사슬의 30번째 아미노산인 알라닌을 트레오닌으로 바꾸어 사람의 인슐린으로 사용하기도 합니다. 하지만 20세기 말에 유전 공학을 이용하여 사람 인슐린을 대장균 같은 세균에서 생산할 수 있게 되었습니다.

　유전 공학의 중심이 되는 것은 유전자 재조합 기술입니다. 이것은 생물에서 추출한 DNA 분자를 플라스미드(DNA로 된 작은 유전체)에 인위적으로 결합시켜 세포 내에 삽입하여 증식시키는 방법입니다. 이 재조합 DNA 기술을 유전자 클로닝이라고도 부릅니다. 유전자 클로닝에 의해서 인슐린을 생산하는 기본적 단계는 다음과 같습니다.

　사람의 이자 세포로부터 인슐린 유전자를 얻습니다. 그리

과학자의 비밀노트

플라스미드

플라스미드는 세균 속에 염색체와 별개로 들어 있는 유전 물질로서 원형의 두 가닥 DNA로 존재하며 세균과는 무관하게 독립적으로 복제한다. 유전자 재조합 기술은 세균 내 플라스미드를 세포 밖으로 빼내고 제한 효소를 이용해 분해한 뒤, 필요로 하는 유전자를 삽입하여 이를 다시 세균에 넣어 배양할 수 있는 기술이다.

제한 효소

제한 효소는 DNA 서열의 특정 부위에 특이하게 작용하여 DNA를 자르는 효소이다. 일반적으로 DNA 제한 효소는 4~6개의 염기 서열을 인식한다. 예를 들면 Eco RI라는 제한 효소는 GATTC라는 서열을 찾아서 G와 A 사이만을 자른다.

고 대장균으로부터 플라스미드를 분리합니다. 대장균으로부터 분리된 플라스미드와 사람 인슐린 유전자의 DNA를 동일한 제한 효소로 처리하면 동일한 끝 부분을 갖는 DNA 조각이 형성됩니다.

이 DNA 조각들을 섞어 염기쌍을 형성하도록 한 다음 DNA 연결 효소로 두 DNA의 말단 부분을 서로 연결시킵니다. 이 재조합 DNA에 대장균을 전기로 처리하거나 직접

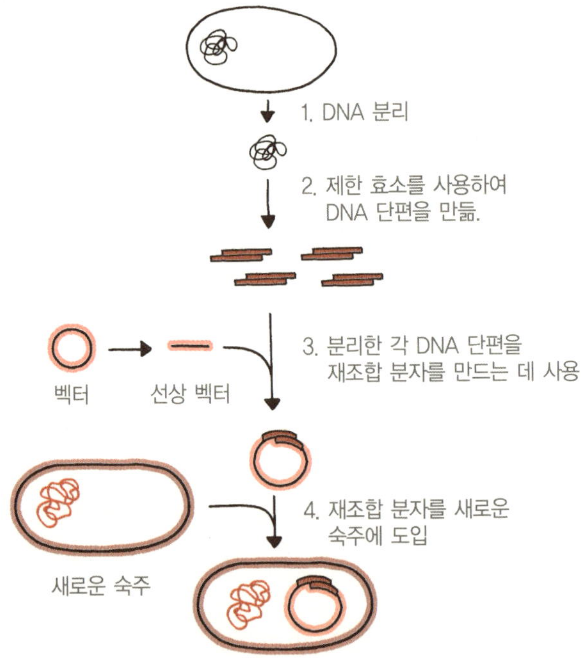

주사하여 대장균 속에 넣습니다. 그렇게 하면 이 대장균은 사람 인슐린 유전자를 가지고 성장하고 번식하게 됩니다. 그리고 자신의 단백질을 만들면서 DNA 안에 들어 있는 인슐린도 함께 만듭니다. 대장균을 많이 번식시킨 후 모아서 인슐린을 분리해 냅니다.

현재는 대장균이 사람의 인슐린 유전자에 따라 만들어 낸 인슐린을 정제하여 사용하고 있습니다. 이것을 최초로 만든 곳이 릴리제약이었고 휴뮬린이라는 이름으로 판매하고 있습니다. 사람 인슐린은 소나 돼지 인슐린보다 몸 안에서 면역 반응을 덜 일으킵니다.

인슐린에 대한 연구가 더 진행되면서 유전 공학의 발전에 힘입어 당뇨병 환자가 급하게 혈당을 조절할 필요가 있을 경우 사용할 수 있는 인슐린도 만들었습니다. 이것은 인슐린 B 사슬의 28번 프롤린과 29번 라이신의 위치를 바꾼 것으로 '리스프로'라고 하며, 상표명은 휴마로그라고 합니다. 이것을 당뇨병 환자에게 주사하면 10분 안에 효과가 나타납니다.

아스파트 인슐린은 사람 인슐린 B 사슬 28번 프롤린을 아스파트산으로 바꾼 것으로 리스프로보다 혈당 강화 작용이 조금 더 세고, 빠르게 작용합니다. 글라진 인슐린은 인슐린의 작용 시간을 길고, 지속적으로 작용하도록 개발한 것입니

다. 인슐린 A 사슬 21번 아스파라진을 글라이신으로 바꾸고, B 사슬의 시작 부분에 아르기닌 두 분자를 더 붙인 형태입니다. 이것은 피하 조직에서 침전되었다가 천천히 녹아 나오기 때문에 작용이 24시간 이상 균일하게 지속됩니다.

이번 시간에 우리는 인슐린 부족으로 인한 치명적인 질병인 당뇨병과 당뇨병을 이기는 방법, 치료 방법에 대해 알아보았고, 인슐린을 인공적으로 만들 수 있는 방법에 대해서도 공부했습니다. 여러분, 당뇨병은 특수한 사람만 걸리는 병이 아니라 우리 모두가 걸릴 수 있는 병이라는 것을 명심해야 합니다.

수업을 통해 여러분이 자기 자신뿐만 아니라 가족이나 주변 사람들이 당뇨병을 앓게 되었을 때 도움이 될 수 있는 지식을 얻을 수 있었으면 합니다. 그리고 이번 수업을 계기로 인스턴트 음식만 좋아하고, 편식을 하는 습관도 고쳤으면 합니다. 그럼 더욱더 건강해진 우리 친구들의 모습을 기대하면서 수업을 마치겠습니다.

만화로 본문 읽기

선생님, 요즘 친구 할아버지께서 당뇨병 때문에 힘들어 하셔서 걱정이에요. 그런데 당뇨병은 왜 걸리는 건가요?
당뇨병은 세포가 혈액으로부터 포도당을 흡수하지 못해서 일어나는 심각한 호르몬성 병이랍니다.

이 병은 혈액 내에 인슐린이 충분하지 않거나, 세포가 인슐린에 정상적으로 반응하지 못할 때 생겨요.
당뇨병이 인슐린과 관련이 있었군요.
혼자 일하기 벅차!
내가 뭘 해야 하더라.

네. 당뇨병은 불충분한 인슐린 합성, 인슐린의 분해 증가, 비효율적인 인슐린 작용 등에 의해 일어나는 심각한 대사 질환으로 세포가 혈액으로부터 포도당을 제대로 흡수할 수 없어서 일어나지요.
그렇군요.
당뇨병의 원인
1. 불충분한 인슐린 합성
2. 인슐린 분해 증가
3. 비효율적인 인슐린 작용

당뇨병은 사람한테 어떤 피해를 주나요?
당뇨병은 혈관이나 심장 등의 순환 계통의 합병증과 실명, 조기 사망 등 다양한 합병증을 동반하고, 환자 본인이나 가족들에게 심각한 물질적, 정신적 피해를 유발하는 질병이지요.
당뇨병으로 인해 합병증이 발병하였습니다.

당뇨병 환자들의 대부분이 이러한 합병증 때문에 괴로워하고 그중 약 $\frac{2}{3}$는 순환 계통 질환으로 사망하고 있답니다.
당뇨병을 심각하게 생각하지 않았는데, 정말 조심해야 할 병이네요.
합병증으로 인한 사망

당뇨병은 예방이 최선입니다. 이미 발병한 환자들에게도 식이 요법과 운동 요법, 약물 요법 등을 적절하고 꾸준히 실천하는 것이 가장 좋은 치료 방법이지요.
꼭 명심할게요. 그리고 제 주변에 있는 사람들에게도 꼭 이야기해 줘야겠어요.

인슐린의 아미노산 배열 순서를 규명한 생어 Frederick Sanger, 1918~

생어는 1955년에 소 인슐린의 아미노산 결합 순서 결정을 완성했으며, 이에 대한 공로를 인정받아 1958년에 노벨 화학상을 받았습니다.

그리고 1960년대 중반부터는 몇몇 연구진과 함께 DNA의 염기 결합 순서 결정 연구를 시작했습니다. 그 결과 1975년 DNA 염기 결합 순서 결정에 대한 플러스-마이너스 법을 개발하여 '박테리오파지 파이엑스174(ϕX174)'의 5,386개 염기 결합 순서를 결정하는 데 성공했습니다.

1977년 DNA 염기 결합 순서 결정에 대한 생어법(다이디옥시법)을 개발했고 이를 이용하여 사람 미토콘드리아 DNA의 염기 결합 순서를 결정할 수 있었습니다. 이러한 DNA

염기 결합 순서 결정법 개발을 인정받아서 1980년 두 번째 노벨 화학상을 받았습니다.

두 번의 노벨상을 받은 생어는 1983년에 65세의 나이로 은퇴를 선언하여 모든 사람을 놀라게 했습니다. 다른 사람들은 그에게 남아서 연구를 지도해 달라고 요청했지만, 생어는 젊은 사람들이 차지해야 할 연구실을 차지하는 것은 죄악이라고 생각한다면서 연구소를 떠났습니다.

그는 연구 생활에서 자신이 항상 팀원 중 한 사람이라고 생각했습니다. 또 자신은 연구, 교육, 행정이라는 과학자의 여러 임무 중 연구를 잘할 수 있다고 생각했습니다. 그리고 사고, 대화, 실행 같은 연구 활동 중에서 실행과 사고는 잘하지만 대화는 잘 못한다고 말하기도 했습니다. 그런 생각 때문에 그는 1940년 박사 과정 때부터 1983년 은퇴할 때까지 43년간 생화학 연구 활동을 했지만, 강의는 거의 하지 않았습니다.

1986년에 영국 정부는 생어에게 메리트 훈장을 수여했고, 1992년에 웰컴트러스트재단과 영국의학연구회가 생어의 이름을 딴 생어 센터라는 연구소를 세웠는데, 현재는 '생어 연구소'라는 이름으로 수많은 과학자들의 요람이 되고 있습니다.

과 학 연 대 표

언제, 무슨 일이?

과학사
세계사

중국, 공산당 수립

매클라우드와 밴팅
인슐린 발견
1921

동유럽, 바르샤바 조약 체결

생어
인슐린 아미노산 결합 순서 결정
1955

한국,
제4차 경제개발 5개년계획 시작

DNA 염기 결합 순서 결정법
(생어법) 개발
1977

한국,
서울국제무역박람회 개최

릴리제약 유전 공학으로 인슐린 생산
1982

미국,
뉴욕 세계무역센터 911테러

인간 유전체 계획 완성
2001

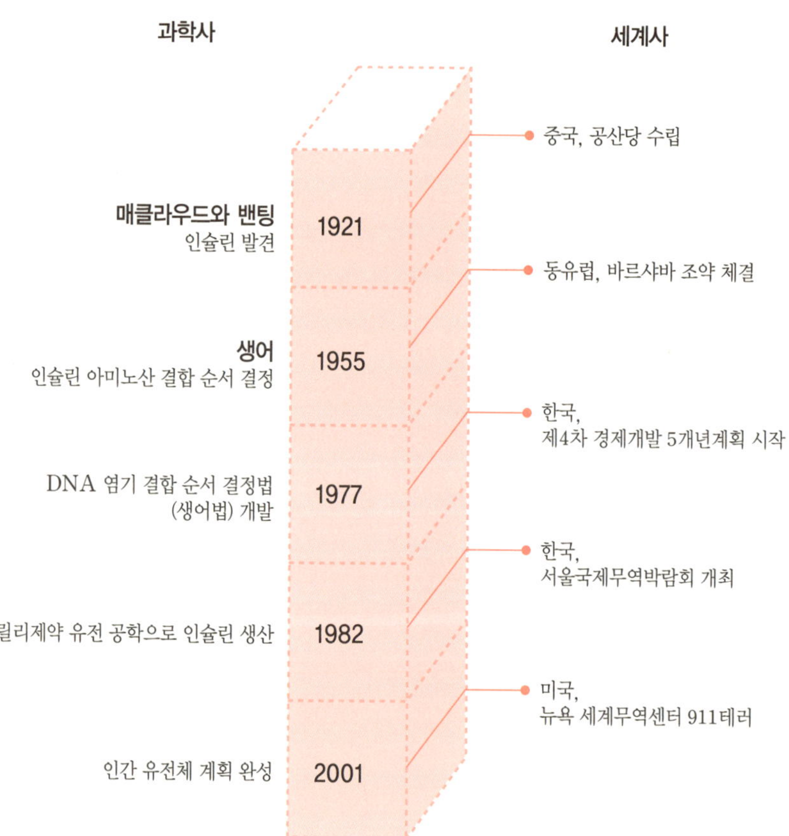

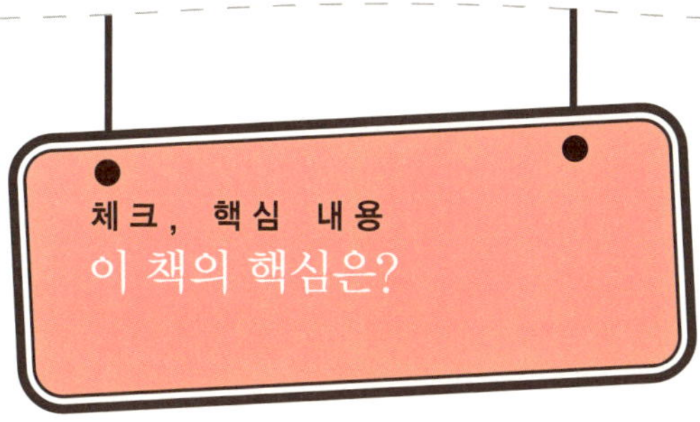

1. 혈액 속에 남아도는 포도당을 고분자로 만들어 간이나 근섬유에 저장하는 호르몬은 □□□입니다.

2. 단백질은 기본 단위인 □□□□이 결합하여 만들어진 고분자 물질입니다.

3. 인슐린은 □개의 사슬이 서로 연결되어 있는 단백질입니다.

4. 효소는 □□□이 있어서 자기가 반응시켜야 할 것만 잘 골라서 반응시킵니다.

5. 사람의 유전자를 구성하는 물질로서 핵 안에 존재하며, 당, 인산, 4가지 질소 염기로 구성된 뉴클레오타이드 단위체가 연결되어서 생긴 중합체를 □□□라고 합니다.

6. DNA 서열이 TGATCG일 때 상보적 DNA 서열은 □□□□□□입니다.

7. 인슐린이 제대로 분비되지 않거나 분비되어도 제 역할을 하지 못해 포도당이 오줌으로 나오는 대사 질환을 □□□이라고 합니다.

1. 인슐린 2. 아미노산 3. 두(2) 4. 특이성 5. DNA 6. ACTAGC 7. 당뇨병

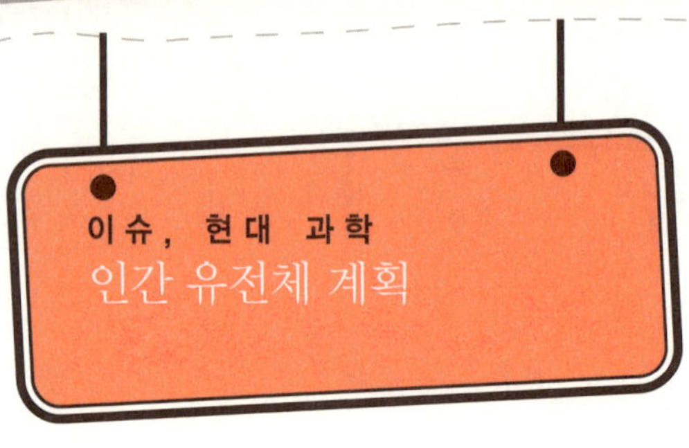

인간 유전체 계획은 사람의 전체 유전체의 염기 결합 순서를 규명하려는 국제적 연구 사업입니다. 이 계획에는 미국, 영국, 일본, 독일, 프랑스의 5개국이 공동 참여하였으며, 인간 유전체의 지도 작성, 데이터베이스를 처리하는 컴퓨터 분석, 사회적·법적·윤리적 측면의 의의와 영향을 모두 포함했습니다.

과학자들은 먼저 염기 결합 순서 결정이 쉬운 대장균, 효모, 초파리, 생쥐 같은 생물들의 유전체에 있는 DNA 염기 서열을 결정하였습니다. 그 후 염기 서열 결정 방법이 발전함에 따라 2000년 6월에 초벌인 인간 유전체 지도가 발표되고 2009년에 완전한 유전체 지도가 발표되었습니다.

인간 유전체 계획의 성공으로 각 개인에 대한 유전자 정보가 알려지면 개인별 맞춤 의학이 등장할 것입니다. 특히 의료 계통 종사자들은 개인별 유전 정보에 따른 신약 개발과 맞춤 의료가 제대로 이루어질 경우 몇 년 안에 당뇨병과 암, 알츠하이머병 등의 난치병 정복에 큰 성과가 있을 것으로 기대하고 있습니다.

개인별로 유전자를 분석하면 의학자들이 유전병이 발생하기 전에 환자를 찾아내서 예방하거나 치료할 수도 있습니다. 또한 앞으로 유전체 분석이 더 빠르게 진행되고 비용이 적게 든다면 모든 사람이 자신의 유전체 염기 결정 순서를 알게 될 것입니다. 사람마다 자신의 유전병을 미리 알아서 예방할 수도 있고 자신에게 맞는 치료법으로 치료를 받을 수도 있을 것입니다.

그러나 이런 유전 정보가 함부로 남용된다면 사회에서 여러 가지 문제를 일으킬 수도 있습니다. 유전 정보를 미리 살펴보고 보험 회사에서 보험을 들어주지 않는다거나 더 큰 비용을 요구할 수도 있고 취업이나 결혼 등에 이용되어서 차별을 받을 수도 있을 것입니다. 인간 유전체 계획과 함께 유전 정보의 유출로 인한 피해를 줄일 수 있는 제도가 함께 구축되어야 할 것입니다.

수학자가 들려주는 수학 이야기 _(전 88권)

차용욱 외 지음 | (주)자음과모음

국내 최초 아이들 눈높이에 맞춘 88권짜리 이야기 수학 시리즈! 수학자라는 거인의 어깨 위에서 보다 멀리, 보다 넓게 바라보는 수학의 세계!

수학은 모든 과학의 기본 언어이면서도 수학을 마주하면 어렵다는 생각이 들고 복잡한 공식을 보면 머리까지 지끈지끈 아파온다. 사회적으로 수학의 중요성이 점점 강조되고 있는 시점이지만 수학만을 단독으로, 세부적으로 다룬 시리즈는 그동안 없었다. 그러나 사회에 적용하려면 반드시 깨우쳐야만 하는 수학을 좀 더 재미있고 부담 없이 배울 수 있도록 기획된 도서가 바로 〈수학자가 들려주는 수학 이야기〉 시리즈이다.

★ 무조건적인 공식 암기, 단순한 계산은 이제 가라! ★

- 〈수학자가 들려주는 수학이야기〉는 수학자들이 자신들의 수학 이론과, 그에 대한 역사적인 배경, 재미있는 에피소드 등을 전해 준다.
- 교실 안에서뿐만 아니라 교실 밖에서도, 배우고 체험할 수 있는 생활 속 수학을 발견할 수 있다.
- 책 속에서 위대한 수학자들을 직접 만나면서, 수학자와 수학 이론을 좀 더 가깝고 친근하게 느낄 수 있다.